U0058297

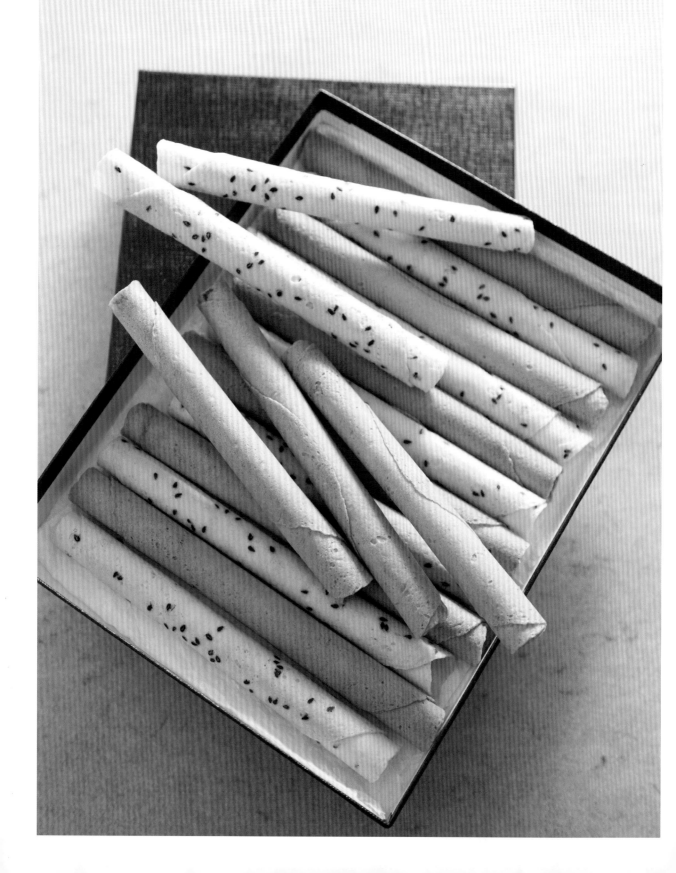

100%安全食材

1000張步驟圖

Cookies＋Biscuits 輕鬆作

手創餅乾101道

Cookies＋Biscuits＋Crisp egg roll＋Gaufrettes＋Macaron

TK

CONTENTS

帶給初學者成功的喜悅，
提供烘焙老手正確而豐富的資料

對於好奇的烘焙新生，餅乾看似不錯的入門選擇，只要別烤焦，至少不會做出不能吃的東西吧？

不過每一個好勝的烘焙者，總會對自己提出無止盡的挑戰，早晚會脫離「只要能吃就好」的自我要求程度，而幻想著能做超市貨架甚至專業烘焙坊裡多采多姿的精美產品。

這本書正是為了各級餅乾愛好者而寫的，我希望它能帶給初學者成功的喜悅，也能提供烘焙老手正確而豐富的參考資料。

或許一本食譜很難同時對新人老手都有價值，不過我認為餅乾的世界就是如此特別，它是相當平等的，要走入這個世界，不太需要昂貴的器具和食材，也不太需要多年的實做經驗或高深的烘焙知識。

你需要的是無止盡的好奇心，細膩的工作態度，而且渴望追求完美。雖然做餅乾是能讓人沈迷的娛樂，但即使娛樂也要追求完美，才是促成我和我親愛的讀者們一同進步的主要關鍵。

舉例來說，一位初學者打開本書就直接跳到封面上最吸引他的貓熊餅乾那一頁，他準備了所有的材料和工具，仔細秤量，一步一步照著食譜做下去；過程可能相當驚險刺激，麵團一直黏在他手上，後來貓熊的耳朵又一直掉落，整個頭也好像變形了。

終於他汗流浹背的做完了，但放入冷凍庫凍硬後，幾乎不敢拿出來切片。最後切片也烤焙了，雖然樣子歪扭而且有些烤得太焦，幸而還是看得出是貓熊餅乾。

如果這位讀者並沒有因此而灰心，就會重新閱讀食譜、步驟照片和全書的前言後語，也會再三觀看DVD，找到自己所有疑問的解答，然後鼓起勇氣再試，並且一次比一次更細心，丈量了自己的烤箱大小，所有步驟都比照食譜，連切出的餅乾厚度和重量都一一測量。

他也許沒有經驗又魯莽，但經過幾次努力就快速進步了，終於得到一盒一盒可愛無比而且美味無比的貓熊餅乾，讓所有的親友都大吃一驚。

當然這次成功的價值，絕不只是幾盒餅乾，而是在其中找到學習的要領和達成目地的方法，如果他進一步努力鑽研，有一天還能得到創作和發現的樂趣。如此，他就把本書運用到極致了，完全不浪費他買書的錢和我認真的寫作。

周淑玲

周淑玲，民國50年生，台灣省桃園縣人。
師範大學家政教育系學士，師範大學家政教育研究所碩士，
一直擔任中學專任家政教師至今，
並以撰寫食譜、教授美食為樂。
第一本食譜是民國79年出版的「沁涼小館」。
民國94年為教學而建立部落格「周老師的美食教室」，
並與國內外同好朋友分享烘焙和各種中西式點心的心得。
出版暢銷書「周老師的美食教室──輕蛋糕」。

基本換算表

1 公升	=1000c.c.（毫升、ml）
1 量杯	= 240c.c. = 16 大匙
1 大匙（湯匙）	= 15c.c. = 3 小匙
1 小匙（茶匙）	= 5c.c.
各種油脂	1 杯 = 227 克
細白砂糖	1 杯 = 200 克
糖粉	1 杯 = 130 克
麵粉	1 杯 =120 克
可可粉	1 大匙 = 7 克
鹽	1 小匙 = 5 克
乾酵母	1 小匙 = 3 克
發粉	1 小匙 = 4 克
小蘇打	1 小匙 = 4.7 克

餅乾的基本材料

奶油

本書所用的都是一般含水無鹽奶油（butter），只有少數用到無水奶油。

奶油需冷藏，若註明（室溫軟化）時，請及早取出使其回復室溫，不可加熱使之融化。

無水奶油若包裝良好，可以不必冷藏。如果沒有無水奶油，把一般奶油加熱到融化，再冷藏，凝結的部份就是無水奶油。

蛋

本書所用的蛋，連殼一個約 60 克，淨重一個約 50 克，蛋白一個 33 克，蛋黃一個 17 克。

當食譜上註明蛋（微溫）時，夏天就用室溫中的蛋，冬天可以把蛋連殼泡一陣子溫水。

有些餅乾只用蛋黃或蛋白。若是剩下蛋白，密封冷藏可以數天不壞；冷凍可以保存更久，需要時取出解凍到涼而不冰才能使用。

若是剩下蛋黃就不能保存太久，最好加入其它蛋裡炒了吃掉。如果打算做很多只用蛋白的餅乾，可以向材料行訂購瓶裝蛋白，非常經濟方便。

奶粉、牛奶

做餅乾當然不能加太多水份，所以很少用牛奶，而是用奶粉；奶粉當然不能用牛奶代替，能取代奶粉的幾乎只有椰漿粉，幸好椰漿粉味道極佳，只是餅乾就變成椰子口味的了。

可可粉、巧克力

烘焙用可可粉是深棕色無甜味的，不要誤用沖泡用的、含奶含糖的可可粉。本書所用的巧克力是 70% 的苦甜巧克力和 40% 的牛奶巧克力，不過讀者當然可以選用自己喜歡的巧克力。

香草、檸檬皮末

本書常用的香料是天然香草莢和檸檬皮末，當然用香草精和檸檬香精也可以。

餅乾常見的添加物

很多餅乾不能不添加膨大劑，本書使用三種安全的膨大劑：無鋁發粉、小蘇打、酵母。

發粉和小蘇打應該與配方裡的麵粉拌勻再同時過篩，確保它們分佈均勻。酵母使用前先泡水，再和入麵團裡，自然會很均勻。

無鋁發粉

發粉即 baking powder，俗稱泡打粉，可產氣使糕餅蓬鬆。發粉是無害的添加物，但一般效果好的發粉都含鋁，由於鋁被懷疑與阿茲海默症有關，所以現在也有鋁含量極小的無鋁發粉可供選擇。

本書照片中的餅乾在實際製作時都使用無鋁發粉，而且用量已減到最低，讀者也可用一般發粉等量代替，效果相同或更好。

其實鋁的害處經過多年研究還是無法證實，可不必過度擔憂。

小蘇打

小蘇打即 baking soda，學名碳酸氫鈉（Sodium bicarbonate），作用與發粉相同，更沒有安全顧慮，但是鹼味很重，若加太多會破壞餅乾的味道，顏色也會變深。

酵母

不同於發粉、小蘇打，酵母不是化學物質，而是酵母菌，是有益的微生物。烘焙用酵母的種類很多，本書使用的是快發乾酵母，用量省、效果好、容易保存。

快發乾酵母 1 小匙 =3 克，若使用新鮮酵母，重量需要 3 倍，若使用普通乾酵母，重量需要 1.5 倍。也就是說，1 小匙快發乾酵母＝ 9 克新鮮酵母＝ 1 小匙半普通乾酵母

大豆卵磷脂

英名為 Soybean lecithin，是一種乳化劑，在製做糖果和無蛋餅乾時經常用到。因為它被當成健康食品食用，理應沒有安全顧慮，也很容易在健康食品店買到。

食材原有添加物

很多食材本身就含有添加物，例如果醬、起酥皮、彩色糖粒、檸檬巧克力等等。這是無法完全避免的，書裡的用量也不多，只要購買的是合法產品即可。本書也有兩處用到色素：拐杖糖餅乾用了紅色草莓香精、薰衣草馬卡龍用了紫色色素。

附錄：碳酸氫氨

市售的盒裝硬餅乾（如芋頭餅乾、亮面椰子餅乾、香草牛奶餅乾等）常常比我們自製的鬆脆，因為除了發粉或小蘇打以外，還添加了等量的碳酸氫氨（Ammonia Bicarbonate），俗稱臭粉或阿摩尼亞。碳酸氫氨產氣效果好，市售食品經常添加，連不應添加的泡芙、甜甜圈都加。因為不太容易購得，又曾經發生遭三聚氰胺污染的問題，所以本書裡不採用碳酸氫氨。

無鋁發粉

小蘇打

酵母

大豆卵磷脂

食用色素

巧克力米

小西餅 Cookies

Cookies，即小西餅，和蛋糕一樣可以分成麵糊和乳沫兩大類。麵糊小西餅的基本做法是糖油拌合法，所以奶油份量多是其特徵，通常高達麵粉的 50% 到 100%，糖量也不少。

乳沫小西餅的基本做法是蛋糖拌合法，有些像乳沫蛋糕一樣得打起泡，所以含油量不高，但含糖量不能少；有些不用打起泡，只是拌匀而已。

小西餅是學習烘焙的入門課，材料、工具和做法都簡單，失敗率又低，而市售的小西餅，以「手工餅乾」為名，售價相當高昂，更提高了自己動手做的價值。自己做小西餅更有價值的一點是不需要添加任何膨脹劑，除非是要求特別鬆發的少數一兩種配方。

Cookies 分類	成形法	內容包括
麵糊類	分割再壓扁	雙重巧克力餅乾（有蛋、無蛋配方）、巧克力豆餅乾、核桃酥、花生脆餅
	擠花成形	各種奶酥、焦糖脆餅
	填模餅乾	蘭姆葡萄夾心酥、伯爵酥片、咖啡酥片、楓葉
	連模烤焙	鳳梨酥、夏威夷豆豆塔
	冷凍切片	巧克力核桃酥片、椰子杏仁酥片、熊貓餅乾
	烤後分切	4 種布朗尼
	手工搓揉	白蘭地櫻桃酥、豆豆酥、葡萄酥、肉鬆餅、拐杖糖餅乾
乳沫類	蛋打發	小牛粒、綿綿派、淑女手指、蛋黃餅乾、鬆厚蛋黃餅乾
	蛋不打發	杏仁薄片、貓舌餅、脆皮花生酥

雙重巧克力餅乾

巧克力豆餅乾

01 巧克力豆餅乾 ●成品約 390 克

材料

奶油（室溫軟化）100 克
細白砂糖‧‧‧‧‧‧‧75 克
鹽‧‧‧‧‧‧‧‧‧‧1/4 小匙
蛋（微溫）‧‧‧‧‧‧‧1 個
低筋麵粉‧‧‧‧‧‧‧120 克
巧克力豆‧‧‧‧‧‧‧100 克

特殊工具

小冰淇淋勺（直徑 4 公分）
1 把

烤焙

180℃ / 中上層 /
16~18 分鐘

4 用力攪打到奶油與蛋完全融合。

5 把麵粉篩入。

做法

1 把奶油和糖、鹽放在盆裡。

2 攪拌均勻，大概 2~3 分鐘即可。

3 把蛋加入。

6 輕輕拌到九分勻。

7 把巧克力豆加入拌勻，即是完成的麵糊。不要過度攪拌。

8 將麵糊用冰淇淋勺挖在烤盤布上，約有 12 球，每球約 37 克，盡量排列整齊，每個之間要有足夠距離。

9 手指沾水，把麵糊輕輕壓成整齊的扁圓形，厚度不要超過 1 公分。

10 烤箱預熱到 180℃，放中上層烤 16~18 分鐘。

11 正面反面都要烤到金黃色。放烤架上冷卻，然後可以放在普通罐子裡保存。

周老師特別提醒

● 巧克力豆又叫水滴巧克力，有耐烘烤型的，不過用一般巧克力豆或把大塊巧克力切丁也可以。

● 用冰淇淋勺挖取麵糊非常方便，不過一勺份量很多，做出來的餅乾很大。大的餅乾烤焙時間比較長，但是上色更均勻，萬一火候不平均有幾片必需先出爐，也很省事。

● 這是低糖配方，糖量不多所以口感比較硬；其實還是很容易食用的，但若想酥鬆一點，可以添加 1/4 小匙的無鋁發粉，市售品幾乎都有添加。

O2 雙重巧克力餅乾 ● 成品約 450 克

含蛋配方

材料

白巧克力 ······· 100 克
奶油（室溫軟化）110 克
細白砂糖 ········ 90 克
鹽 ·········· 1/4 小匙
蛋（微溫） ········ 1 個
低筋麵粉 ······· 130 克
可可粉 ·········· 20 克

無蛋配方

材料

白巧克力 ······· 100 克
奶油（室溫軟化）120 克
細白砂糖 ········ 90 克
鹽 ·········· 1/4 小匙
低筋麵粉 ······· 130 克
可可粉 ·········· 20 克
牛奶 ··········· 40 克

烤焙

175°C／中層／
15~16 分鐘

做法

1 白巧克力如果是整塊的，先切成一公分的大小。

2 奶油加糖、鹽打到蓬鬆柔軟而且會黏盆。

3 把蛋加入，用力打到完全融合。

4 將麵粉和可可粉一起篩入。

5 輕輕拌到九分勻。

6 把白巧克力加入，拌成柔軟的麵團。拌勻就好，不要過度攪拌。

7 用湯匙大約分成20份，每份約 25 克，挖到烤盤布上。每個之間要有相當空間，以免烤後擴張黏成一團。

8 壓扁一點，整理成自然的圓餅狀。

9 無蛋配方的做法完全一樣，牛奶在麵粉篩入後即可加入。圖中上方是有蛋配方，下方形狀較長的是無蛋配方。

10 烤箱預熱至 175°C，放中層烤約 15 分鐘即可。

周老師特別提醒

● 本配方屬於軟性餅乾，剛烤好的熱餅乾摸起來應該有點軟才對，放涼後才會酥脆。餅乾裡的白巧克力要大一點才有口感，一般水滴巧克力太小了。

● 有蛋和無蛋配方品嚐起來差別不很大，但左方的有蛋餅乾看起來比較光滑，右方的無蛋餅乾因為油水沒有完全融合，所以表面粗糙，有顆粒感。

分割再壓扁

13

03 核桃酥 　●成品約 360 克

材料

豬油 ················ 80 克
細白砂糖 ············ 80 克
鹽 ················ 1/8 小匙
蛋 ············ 淨重 20 克
杏仁露 ············· 20 克
低筋麵粉 ··········· 160 克
小蘇打 ············ 1/8 小匙
碎核桃仁 ············ 40 克

烤焙

180℃ / 中上層 / 12 分鐘

做法

1 把豬油、糖、鹽攪拌均勻。
2 加蛋攪拌勻，再加杏仁露攪拌。
3 把麵粉和小蘇打一起篩入，拌到 9 分勻。
4 再加碎核桃拌成柔軟的麵團。
5 分成 25 克一個，共 16 個。
6 輕輕搓圓，排在烤盤上。
7 用手稍壓扁。
8 用姆指把中心壓到只有周圍的一半厚度。
9 烤箱預熱至 180℃。放入中上層烤 12 分鐘到金黃色。熄火後可以再燜幾分鐘讓顏色更深更均勻。

周老師特別提醒

● 桃酥是有名的傳統餅乾，所以是用豬油做的，非常酥脆可口。如果沒有豬油，可用無水奶油代替，或用一半白油一半普通奶油。

● 因為豬油沒有乳化性，所以加了杏仁露後可能無法拌到完全融合，會花花的，最後成品表面也有顆粒感，無妨。

用無水奶油、奶油、白油，做出的桃酥表面比較光滑。

● 桃酥原名核桃酥，是有加核桃仁的，但以前核桃是很昂貴的食材，市售品往往捨不得放。至於杏仁露，可視喜好取捨，若不喜歡杏仁味可以不加，蛋量則加倍。喜歡杏仁味的人可能覺得加杏仁露味道不夠，則改用少許杏仁香精，蛋量同樣要加倍。

● 較乾的麵團（例如以蛋代替杏仁露的水份，或增加麵粉），烤好表面會有裂紋，也是一種特色。

分割再壓扁

○4 花生脆餅

● 成品約 270 克

材料

奶油（室溫軟化）⋯ 60 克
鹹花生醬⋯⋯⋯⋯ 60 克
細白砂糖⋯⋯⋯⋯ 80 克

蛋（室溫）⋯⋯⋯ 小 1 個
（淨重約 40 克）
低筋麵粉⋯⋯⋯⋯ 120 克

烤焙

180℃ / 中上層 / 10 分鐘

做法

1 奶油、花生醬、糖放
在盆裡，攪拌均勻。

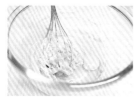

2 把蛋打入，攪打到完
全融合。

3 把麵粉篩入。

4 拌勻，不要過度攪拌。

5 用切麵板壓成扁方
塊，切成 30 小塊，
每塊約 12 克。

6 拿起來輕輕揉圓，排
在烤盤布上。

7 墊一小張烤盤紙，用
平底杯子壓扁，注意
厚薄一定要均等，不
然薄的地方會烤焦。

8 也可以再用叉子壓上
花紋（照片上的花紋是
用打肉槌壓出來的）。

9 烤箱預熱到 180℃，
放中上層烤 10 分鐘，
熄火，用餘熱再烘
3~5 分鐘，著色會比
較平均。

周老師特別提醒

鹹花生醬指甜味淡而略
有鹹味的花生醬。這種
脆餅雖然材料做法都簡
單，但非常酥脆，而且
花生香味濃郁。

15

七種奶酥餅乾

奶酥的吃起來名符其實,奶香濃郁而且口感很酥,是非常用歡迎的小西餅,

所以配方也很多,這裡介紹兩種:第一種香甜而鬆脆,牛奶味重;第二種質地細緻,

甜度較低,奶油味重。這兩種配方加上變化,就可以做出很多種奶酥麵糊。

奶酥烤好後花紋會變淺,如果希望不要變得太淺,配方裡的麵粉可酌量增加。

奶酥配方一 ● 麵糊重 370 克

材料

奶油(室溫軟化) 110 克	蛋(微溫) ⋯⋯⋯ 1 個
細白砂糖 ⋯⋯⋯ 60 克	低筋麵粉 ⋯⋯ 120 克
鹽 ⋯⋯⋯ 1/4 小匙	奶粉 ⋯⋯⋯ 30 克

奶酥配方二 ● 麵糊重 420 克

材料

奶油(室溫軟化) 140 克	蛋(微溫) ⋯⋯⋯ 1 個
糖粉 ⋯⋯⋯⋯ 60 克	低筋麵粉 ⋯⋯ 135 克
鹽 ⋯⋯⋯ 1/4 小匙	奶粉 ⋯⋯⋯⋯ 15 克
	玉米粉 ⋯⋯⋯ 20 克

基本做法

1 奶油、糖或糖粉、鹽一起攪拌到蓬鬆柔軟。

2 加蛋快速攪拌到完全融合。

3 把粉類一起篩入,輕輕拌勻,不要過度攪拌。

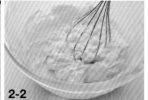

配方變化:

可可奶酥 --- 用 20 克可可粉代替 20 克麵粉

椰子奶酥 --- 用椰漿粉代替奶粉

杏仁奶酥 --- 用杏仁霜代替奶粉

抹茶奶酥 --- 把抹茶粉 1 小匙加入奶油糖裡一起攪拌

咖啡奶酥 --- 把即溶咖啡 1 小匙研成粉末,加入奶油糖裡一起攪拌

黑糖奶酥 --- 用等量黑糖代替白砂糖或糖粉即可

周老師特別提醒

● 奶酥的造型很多,但幾乎都是擠花而成。用不同口味的奶酥麵糊,擠出各種花樣,加上霜飾或夾心的變化,可以做出無數種的奶酥小西餅。

● 擠奶酥小餅時最特別的一點是,烤盤上不鋪烤盤布或烤盤紙,因為擠出的麵糊會把布或紙拉起;烤盤也不塗油,不然麵糊不會留在烤盤上,會跟著擠花器而起。萬一烤盤品質不好,烤奶酥會黏盤,就薄薄抹一點奶油,但不能多。

05 黑糖奶酥

材料

黑糖奶酥麵糊‥‥‥‥‥1 份
（用等量黑糖代替白砂糖或
糖粉即可。）

特殊工具

擠花袋及小花嘴各 1 個

烘焙

180℃ / 中上層 / 10 分鐘

做法

1 黑糖很容易結塊，一
定要過篩。

2 黑糖含水量較高，也
容易油水分離。

3 攪拌速度加快，多攪
拌一陣子，才能完全
融合。

4 花袋和花嘴可以擠出
很多種奶酥造型。即
可烘焙。

06 果醬奶酥

材料

奶酥麵糊‥‥‥‥‥ 1 份
果醬（無顆粒）‥‥‥ 適量

特殊工具

擠花袋及菊花嘴各 1 個

做法

1 擠花嘴放進擠花袋裡，把麵糊填入。

2 在烤盤上擠成圓圈小餅，1 個約 8 克，中間不宜有
空洞。

3 果醬裝在小塑膠袋裡，剪個小口，擠在小餅中間。

4 烘焙法同上。

耶誕樹奶酥

果醬奶酥

07 耶誕樹奶酥

材料

抹茶奶酥麵糊 ····· 1 份

裝飾材料

草莓巧克力 ······· 適量
彩色糖珠 ········· 適量

特殊工具

擠餅器 1 套
小塑膠袋 1 個

烤焙

180℃ / 中上層 /
10 分鐘

做法

1 耶誕樹奶酥麵糊是在
製作奶酥麵糊時，在
麵粉裡加入 1 小匙抹
茶粉，再用擠餅器擠
成耶誕樹花樣，依法
烤好。

2 把草莓巧克力隔水加
熱到融化，裝在小袋
裡，剪個細口，在餅
乾上擠線條。

3 趁還沒凝結前撒些
糖珠。

1-1 1-2
2-1 2-2
3

周老師特別提醒

草莓巧克力和糖珠都含色
素香料，純為裝飾效果。

08 擠餅器奶酥

材料
奶酥麵糊⋯⋯⋯⋯ 1 份

特殊工具
擠餅器 1 套

烤焙
180℃ / 中上層 / 10 分鐘

做法

1 把花片裝在擠餅器上。

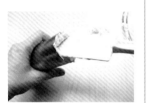

2 把麵糊填入。比較紮實的麵糊可以用手輕輕搓成圓柱體,直接裝入,更為方便。

3 蓋上。

4 往下擠壓使麵糊集中在下方。

5 緊貼在烤盤上,下壓。

6 提起擠餅器,完成。

7 烤焙法同上。

周老師特別提醒

● 一套擠餅器可以擠出很多花樣,而且每次擠出份量一致,是非常方便實用的工具,不過擠餅器的種類很多,裝填法和擠法都不相同,請依說明書使用。

● 使用擠餅器常見的問題如前所述,烤盤塗了油或墊了布,會很難操作。擠第一個餅,或換花片再擠第一個時,可能會比正常的大或比正常的小,如圖中左邊兩個,介意的話可以刮掉重擠。

09 巧克力夾心奶酥

材料
奶酥麵糊········· 1 份

特殊工具
擠餅器 1 套

烤焙
180°C / 中上層 / 10 分鐘

做法
烤好的奶酥餅乾夾入巧克力餡。

巧克力餡

做法
1 把鮮奶油加熱到將要沸騰。
2 倒入 2 倍重的巧克力裡，攪拌成濃稠巧克力餡。
3 趁還沒凝結，塗在奶酥餅乾上。
4 蓋上另一片餅乾，輕輕壓合。

周老師特別提醒
● 這裡用的是 70% 的苦甜巧克力。若用牛奶巧克力，要略減鮮奶油份量，白巧克力要更少，但實際份量多少，必需做過才知道，因為即使同樣 70% 的苦甜巧克力，不同廠牌的性質也有差異。

● 每片餅乾上塗多少巧克力餡可以隨意，也和餅乾的大小有關，通常是 6 克左右。
● 巧克力奶酥是在製作奶酥麵糊時，麵粉的 20 克換成可可粉，再用擠餅器擠成想要的花樣。

---

10 葡萄乾小花奶酥

材料
葡萄乾········· 30 克
奶酥麵糊········· 1 份

特殊工具
大型菊花嘴 1 個

烤焙
180°C / 中上層 / 10 分鐘

做法
1 葡萄乾加蓋過表面的飲用水，浸泡數小時。
2 把麵糊放在大型菊花嘴裡，用拇指擠出小花朵，擠在沒塗油的烤盤上，1 個約 8 克。
3 把泡軟的葡萄乾壓入中間。這種擠法擠出的餅乾高矮不齊，壓葡萄乾時順便把高度壓齊。
4 烤箱預熱至 180°C，把烤盤放中上層烤約 10 分鐘，熄火再燜 2~5 分鐘。

周老師特別提醒
葡萄乾若要曝露在外烤焙，一定要泡水，泡數小時至一天皆可，否則烤後會焦苦。

葡萄乾小花奶酥

巧克力夾心奶酥

11 香橙奶酥

材料

奶酥麵糊········· 1 份
橙皮蜜餞（細粒）·60 克

特殊工具

擠花袋及大圓嘴各 1 個

烤焙

180℃ / 中上層 /10 分鐘

做法

1 在麵糊快和好時，加入橙皮蜜餞拌勻。

3 手指沾點水把表面抹平，按出自然的形狀。

2 擠花袋裡裝直徑 1.3 公分的圓嘴，把麵糊裝入袋裡，擠在烤盤上，成一個個半圓形。

4 烤箱預熱至 180℃，把烤盤放中上層烤約 10 分鐘，熄火再燜 2~5 分鐘。

周老師特別提醒

● 奶酥幾乎都由擠花而成，所以麵糊裡不能含有顆粒，除非用大圓嘴擠，或者把麵糊冰涼後用手揉捏成簡單的形狀。

● 橙皮蜜餞同時具有味道和香氣，而且可以買到已切成小丁的，非常方便。

12 迷你水果派

材料

奶酥麵糊‧‧‧‧‧‧‧‧‧ 1 份

罐頭水果派餡

‧‧‧‧‧‧‧‧‧‧共 300 克

烤焙

180°C / 中上層 /10 分鐘

特殊工具

擠花袋及小花嘴各 1 個

做法

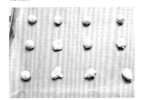

1 把麵糊分成 10 克 1 份，輕輕揉圓，排在烤盤上，共 16 個。

2 蓋上 1 小張烤盤紙，用平底杯輕壓成扁圓形，直徑約 6 公分。

3 剩餘的麵團裝入擠花袋，在圓形周圍擠一圈。照片上用的是直徑 0.8 公分的小圓嘴，不過其它花嘴也可以。

4 如果麵糊有凸出，用手輕輕按平。

5 烤箱預熱至 180°C，把烤盤放中上層烤約 10 分鐘，熄火再燜 2~5 分鐘。

6 把水果餡填在中間，就可以立刻食用。

7 如果要送人，必需放回烤箱，以 120°C低溫烘乾 20 分鐘。

8 用手輕觸水果餡，不太會沾黏即是完成。這樣包裝時還是要小心，但也不可能烘到水果餡全乾，就失去水果派的特色了。

周老師特別提醒

● 本食譜的實際份量是 16 個迷你水果派，但照片上只做了 12 個。其實這種美味又漂亮的小點心不是派而是塔（tarts），派只是慣用的俗稱。

● 罐頭水果餡種類很多，使用方便，照片上用的是藍莓和紅櫻桃，紅櫻桃顆粒較大，所以切半使用。如果沒有罐頭水果餡，可以用果醬代替，只是比較甜；或者自己用新鮮水果加糖煮，再用玉米粉水勾芡。

● 因為水果餡甜度不高，水份也多，所以若不冷藏就必需在 2~3 日內吃完。

● 麵糊類餅乾萬一攪拌時油水分離，烤焙時會像這樣出油，但水份烤乾後油份通常會吸收回去，不用擔心。

18 焦糖脆餅

成品約 300 克

準備工作一：煮焦糖

1 把 200 克細砂糖和 60 克水放入鍋中，攪拌一下，煮沸。

2 不再攪拌，繼續用小火煮到出現焦色，不時搖晃鍋子使焦色平均。

3 煮到顏色夠深，像深琥珀色，即可取 120 克滾水沖入（糖漿會噴賤，小心燙傷）。

4 搖晃鍋子，很快即成為均勻的糖漿，立刻熄火，不要煮太久。

5 裝在小瓶裡，不需冷藏即可保鮮很久。

準備工作二：炒黃豆粉

1 鍋子燒乾，把黃豆粉倒入。

2 開小火，不斷翻炒到很香而且呈棕黃色，需要 15~20 分鐘。

周老師特別提醒

黃豆粉是黃豆仁磨成的細粉，常用來沾裹驢打滾等點心；不是黃豆殼磨成、用來清洗餐具的粗糙粉末。如果買不到黃豆粉，可把杏仁粉過篩，取最細的部份代替。

材料

卵磷脂	1 大匙
奶油（室溫軟化）	70 克
細白砂糖	70 克
低筋麵粉	110 克
炒香黃豆粉	25 克
小蘇打	1/4 小匙
肉桂粉	適量
焦糖漿	50 克

烤焙

170℃ / 中上層 / 10~12 分鐘

做法

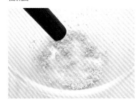

1 卵磷脂若是粗粒狀，要先放在攪拌盆裡用擀麵杖研碎。

2 把奶油和糖加入，一起攪拌到蓬鬆柔軟。

3 把麵粉、黃豆粉、小蘇打、肉桂粉一起篩入。

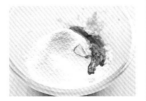

4 加入焦糖漿。

5 輕輕拌成麵團。

6 烤箱預熱至 170℃，烤盤抹一點油。

7 把麵團放入擠餅器裡，擠出喜歡的花樣，每個約 8 克，約可擠 42 個。

8 放中上層烤 10~12 分鐘。顏色烤深一點比較脆，當然不可烤到焦黑的程度。

9 因為有加小蘇打，所以烤時會膨脹，不過出爐後就會恢復扁平狀。

擠花成形

14 藍姆葡萄夾心酥 ●成品約 740 克

材料

葡萄乾 · · · · · · · · · · · 100 克
藍姆酒 · · · · · · · · · · · 80 克

奶油（室溫軟化） · · · · · 280 克
糖粉 · · · · · · · · · · · · · · 100 克
鹽 · · · · · · · · · · · · · · 1/4 小匙
奶粉 · · · · · · · · · · · · · · · 20 克

蛋（微溫） · · · · · · · · · · · 1 個
低筋麵粉 · · · · · · · · · · · 135 克
玉米粉 · · · · · · · · · · · · · 45 克
水 · · · · · · · · · · · · · · 1 大匙半

特殊工具

自製圓孔模板 1 個

烤焙

160℃ / 中上層或上層 /
15 分鐘

周老師特別提醒

● 這是口感酥嫩、甜度低、
  風味佳的高級餅乾，不過
  奶油含量很高，請適量享
  用就好。

● 圓孔模板的厚度決定餅乾
  的厚度，本食譜示範的厚
  0.4 公分，如果做 0.3 公
  分厚，成品片數會增加。

● 如果不想花時間製做模板，
  可以用湯匙把麵糊挖在烤
  盤上，抹開成圓片；這樣
  外型雖然不如用圓孔模整
  齊，口味是一樣的。

做法

1　找塊厚 0.3~0.4 公分的紙板或保麗龍板，用 5 公分圓模壓出記號再割出圓孔。

2　葡萄乾先加藍姆酒浸泡數小時。

3　瀝掉酒液，稍切碎，備用。

4　奶油加糖粉、鹽和奶粉攪拌均勻。

5　取出 2/5（160 克），留著做夾心奶油霜。

6　另 3/5 麵糊（240 克）留在盆裡，加蛋用力攪拌，直到完全融合。

7　把低筋麵粉和玉米粉一起篩入。

8　輕輕拌一下，加水，拌勻，不要過度攪拌。

9　把圓孔模板放在烤盤布上，用小刀把麵糊抹在上面並刮平。

10　用原來的圓模沿內側壓開（讓麵糊與圓孔模分開），或用小刀稍劃開。拿起圓孔模板。一烤盤可容納 30 個圓片，全部材料共可做兩盤 60 片。

11　烤箱預熱至 160℃，把烤盤放最上層烤約 15 分鐘。如果上色不足，熄火再燜 2~3 分鐘。

12　在兩片小餅中間夾奶油霜和碎葡萄乾，夾起即可食用，冷藏更美味。

15 伯爵酥片、咖啡酥片　● 成品約 420 克

材料

奶油（室溫軟化）168 克	低筋麵粉 ⋯⋯⋯ 135 克
糖粉 ⋯⋯⋯⋯⋯ 60 克	玉米粉 ⋯⋯⋯⋯ 45 克
鹽 ⋯⋯⋯⋯⋯ 1/6 小匙	水 ⋯⋯⋯⋯⋯ 1 大匙半
奶粉 ⋯⋯⋯⋯⋯ 12 克	
	伯爵茶包 ⋯⋯⋯⋯ 2 包
蛋（微溫）⋯⋯⋯ 1 個	即溶咖啡 ⋯⋯⋯ 半大匙
	杏仁角 ⋯⋯⋯⋯⋯ 適量

做法

1　奶油加糖粉、鹽和奶粉攪拌均勻。

2　加蛋用力攪拌，直到完全融合。

3　把低筋麵粉和玉米粉一起篩入。

4　輕輕拌一下，加水，拌勻，不要過度攪拌。

5　成型法與蘭姆葡萄夾心酥相同。

6　把伯爵茶取出，用擀麵杖壓成粉碎，或用食物處理機打成粉，篩在圓片上。咖啡口味的做法也相同。

杏仁酥片

咖啡酥片

伯爵酥片

周老師特別提醒

蘭姆葡萄夾心酥即使單片不夾餡，也非常可口，除了做成伯爵酥片、咖啡酥片外，還可以撒上杏仁角、海苔粉 ... 等材料，做成自己喜歡的單片餅乾。

16 楓葉

● 成品約 320 克

材料

奶油（室溫軟化） ····· 75 克
細白砂糖··········100 克
鹽 ············· 1/6 小匙
檸檬皮末··········· 適量
蛋 ················· 1 個
紅色火龍果原汁······ 30 克
低筋麵粉··········150 克

烤焙

180°C / 中下層 / 8~9 分鐘

做法

1 在厚卡紙上畫楓葉圖案，割成中空狀。

2 把奶油、糖、鹽、檸檬皮末一起攪打均勻。

3 加蛋用力打到完全融合。

4 加火龍果原汁攪勻。

5 把麵粉篩入。

6 攪拌成均勻的紅色麵糊。

7 把卡紙放在烤盤布上，用抹刀挖麵糊，在卡紙上刮平，不必太薄，以免太容易碎裂。

8 拿走卡紙。共可做約 40 片楓葉。

9 烤箱預熱至 180°C，把餅放到中下層。

10 烤 8~9 分鐘後，楓葉的邊緣開始焦黃，但中心還保持紅色，即可出爐。

11 出爐後若連烤盤布放在炒菜鍋裡冷卻，就可以做出楓葉微彎的樣子。

周老師特別提醒

● 盡量用好一點厚一點的卡紙，否則做幾次就不能用了。製做中如果卡紙兩面都沾了麵糊，也要刮一刮。

● 楓葉雖然是薄餅，卻要放在中下層烤，這樣邊緣才會比中間著色深。

17 鳳梨酥

自製鳳梨餡

材料

新鮮鳳梨
………… 淨重 850 克

白麥芽糖……… 160 克
玉米粉 ………… 30 克

做法

1 把鳳梨打成果泥。

3 放入鍋子用小火煮，或用微波皆可。

2 加麥芽糖和玉米粉，攪拌至看不到玉米粉。

4 約需 10 分鐘，煮到只剩 400 克，放涼才能使用。

周老師特別提醒

- 煮多量的餡要用鍋子，用不沾鍋煮並用耐熱橡皮刀來攪拌最好。如果煮少量的餡，例如上述配方的半量，用微波爐更方便。

- 煮之前先秤一下鍋子或容器的重量，才知道煮到剩多重、是否已煮好。用鍋子煮餡時，玉米粉常會黏在鍋邊焦化，相當麻煩。所以玉米粉可以先不要加入一起煮，而將之和少量鳳梨果泥拌勻，放在一旁，等餡快煮好時再加入鍋中攪拌。

- 傳統上，鳳梨酥的餡是冬瓜做的，甜而不酸。現在則流行這種用鳳梨製做、加麥芽糖並減少份量、酸而不太甜的餡。

- 這種餡比市售的餡柔軟有彈性，所以不好包，烤時還會中間凸起。因為糖量低不易保鮮，所以最好盡快吃完，不然就要冷藏。

- 如果在配方裡多加 40 克砂糖，同樣煮到只剩 400 克，這些缺點都能改善，當然會變甜一點，但還沒市售的餡那麼甜。

連模烤焙

鳳梨酥　●成品重約 660 克

材料

奶油（室溫軟化）‧95 克
糖粉 ‧‧‧‧‧‧‧‧‧‧‧ 25 克
起司粉 ‧‧‧‧‧‧‧‧ 1 大匙
蛋（微溫）‧‧‧‧‧‧‧‧ 半個
奶粉 ‧‧‧‧‧‧‧‧‧‧‧ 25 克
低筋麵粉 ‧‧‧‧‧‧‧ 150 克

鳳梨餡 ‧‧‧‧‧‧‧‧ 400 克

特殊工具

5 公分方形鳳梨酥模
16 個

烤焙

175℃ / 中層 / 20 分鐘

做法

1 把奶油加糖粉、起司粉攪打均勻。

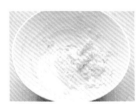

2 加蛋，快速打到均勻融合。

3 把奶粉和麵粉篩入。

4 一起拌成柔軟的麵團。

5 分成 16 個，每個 20 克。

6 餡也分成 16 個，每個 25 克。

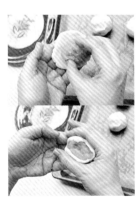

7 把麵團壓扁，包入 1 個餡。

8 輕輕揉圓。

9 放入模子裡。

10 用手掌壓實。

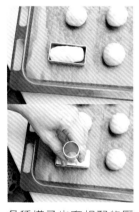

各種模子也有相配的壓棒，可輕易把表面壓平，非常方便。

11 烤箱預熱，把鳳梨酥放中層烤約 20 分鐘即可。如果時間還沒到，表面就已呈現金黃色，可以把電源關掉，用餘熱繼續烘。

周老師特別提醒

● 起司粉是撒在義大利麵上的粗粒鹹味起司粉，如果不加，就用 1/4 小匙鹽代替。

● 鳳梨酥是老牌台灣甜點，美味而且做法簡單，是熱門的伴手禮物，所以模子的造型也推陳出新，圓、橢圓、梅花、長方、台灣，每種都很可愛；下圖是我的朋友的創意，在台灣造型上撒綠海苔粉象徵山脈，生動有趣。

● 材料行還有美觀大方的鳳梨酥包裝袋可買，可以用封口機密封，沒有封口機也可以用彈性金絲帶束起來，更加便於送禮。

18 夏威夷豆豆塔 ●成品重約 650 克

迷你塔皮

材料

奶油（室溫軟化）·70 克
糖粉 ············· 20 克
鹽 ··········· 1/8 小匙
蛋（微溫）········· 1 個
低筋麵粉······· 155 克

特殊工具

直徑 5.5 公分鋁箔塔杯
20 個

烤焙

180℃ / 中層 / 17 分鐘

做法

1 奶油加糖粉、鹽攪勻。

3 把麵粉篩入。

5 分成 20 份，每份將近 15 克。

2 加蛋打勻（若油水分離也無妨）。

4 拌成均勻柔軟的麵團。

6 揉圓，放在杯裡。

7 用手指把麵團捏壓成塔皮。底部不要太薄，但也不要用力壓塔皮邊緣，這裡要保持厚度，否則會烤出焦邊。

8 用叉子在中間刺幾個洞。放置鬆弛數小時。

9 烤箱預熱後放在中層烤約 17 分鐘。

10 熄火，用餘熱烘至金黃香脆。同時把夏威夷豆放在烤盤邊保持溫度。

豆豆塔內餡

材料

烤熟的迷你塔皮‥ 20 個
夏威夷豆‥‥‥‥ 220 克

奶水 ‥‥‥‥‥‥ 75 克
砂糖 ‥‥‥‥‥‥ 150 克
白麥芽糖‥‥‥‥ 50 克
鹽 ‥‥‥‥‥‥‥ 1/8 小匙
奶油 ‥‥‥‥‥‥ 25 克

做法

1 把奶水、砂糖、麥芽糖放在小鍋裡，攪拌片刻。

2 奶油放在另一個小鍋子裡煮。

3 煮到不冒泡後，很快就會出現焦色，立刻熄火。

4 倒到盛牛奶和糖的鍋子裡，一邊攪拌一邊用小火煮。

5 煮到 113℃，糖漿濃稠且呈淺棕色，立刻熄火。

6 把保溫的夏威夷豆倒入拌勻。

7 平均舀在塔皮裡，每個約 20 。糖漿的份量要盡量一致，太多太甜，太少無法黏合夏威夷豆和塔皮。

周老師特別提醒

● 通常夏威夷豆買來即可食，如果買到生的，就要先烤熟；如果是鹽味的，煮糖漿就不用加鹽。即使是熟的夏威夷豆也要放在熱烤箱裡保溫，尤其天氣寒冷時，這樣加入糖漿裡才不會讓糖漿快速降溫凝結，無法拌勻，或拌到失去光澤。

● 先把奶油煮成焦奶油，是為了增加顏色和香氣，因為只煮到 113℃ 的糖漿顏色只是乳白而已。

● 如果沒有煮糖溫度計，糖漿煮到濃稠時就先熄火，舀一點到一碗冰水裡測試，如果凝結成軟硬合宜的牛奶糖，就是火候正確。萬一煮得太硬，可以加點水到糖漿鍋裡再煮片刻。

19

巧克力核桃酥片 　●成品重約 590 克

材料

奶油（室溫軟化）135 克
細白砂糖⋯⋯⋯120 克
鹽⋯⋯⋯⋯1/4 小匙
蛋（微溫）⋯⋯⋯1 個

低筋麵粉⋯⋯⋯240 克
可可粉⋯⋯⋯⋯30 克
核桃仁⋯⋯⋯⋯100 克

烤焙

180℃ / 中上層 / 15分鐘

做法

1 奶油加糖、鹽打到蓬鬆柔軟。

5 加入核桃仁，輕輕拌至均勻。

9 長度約 30 公分，大小約 4×6.5 公分。

12 排在鋪了烤盤布的烤盤上。

2 再加蛋打到完全融合。

6 刮到 1 張烤盤紙上。

10 冷凍 2 小時左右，凍到可以切的硬度。

13 烤箱預熱至 180℃，把烤盤放在中上層，烤約 15 分鐘，用手輕壓餅乾中間已經變硬，但還有一點彈性，即已烤熟。

3 把麵粉和可可粉一起篩入。

7 包住，用手捏壓成方柱體或長方柱體。

11 用利刀切成將近 0.8 公分厚的片，大約可切 40 片。

4 拌到九分勻。

8 用尺協助，把形狀壓得更整齊。

冷凍切片

周老師特別提醒

● 這種先冷凍再切片的餅乾,稱為冰箱小西餅,非常香酥可口;其做法看來複雜,其實
比許多小西餅更容易,因為冷凍後可以很快切出形狀、厚度一致的片,也不難烤到火
候平均。

● 烤好的冰箱小西餅,只要包裝嚴密,可以保鮮很久;如果做了非常多,超過需要,還
可以先凍著,需要時再拿出來,放在室溫片刻,然後切片烤焙,就有新鮮的餅乾吃了。

20 熊貓餅乾 ● 成品重約 490 克

周老師特別提醒

● 會做基本的冰箱小西餅後，就可以用黑白兩色麵團
任意組合成各種圖案，最常見的是格子圖案、螺旋
圖案。

● 這裡介紹的是比較複雜的熊貓圖案——這種以兩色
材料搓長組合後再切片的手法很常見，例如花式糖
果、花式壽司，還有非食物的軟陶。如果以相同圖
案而論，做熊貓餅乾雖然比軟陶難一點，卻比糖果
或壽司簡單。

● 製做時要注意麵團的軟硬，只要秤量正確，本配方
的麵團應該軟硬合宜，但如果天氣太熱使麵團太
軟，一直變形，可以撒點手粉。如果撒太多，麵團
黏合處要抹點水把乾粉抹掉，才黏得緊。

材料

奶油（室溫軟化）135 克

細白砂糖‥‥‥‥ 120 克

鹽 ‥‥‥‥‥‥ 1/4 小匙

蛋（微溫）‥‥‥‥‥ 1 個

低筋麵粉‥‥‥‥ 135 克

低筋麵粉‥‥‥‥ 120 克

可可粉‥‥‥‥‥ 15 克

烤焙

180°C / 中上層 /14 分鐘

做法

1 奶油加糖、鹽打到蓬鬆柔軟，再加蛋打到完全融合。

2 分成兩盆，一盆加 135 克麵粉和成白麵團；一團加 120 克麵粉和 15 克可可粉和成黑麵團。

3 畫張簡單的熊貓圖。秤秤看麵團有多重，每個部位分配多少克，都註記在圖上。

4 秤出鼻子的黑麵團（10 克），和鼻子周圍的白麵團（40 克），都搓成 20 公分長。

5 白色包黑色。

6 秤出兩眼的黑麵團（各 20 克），搓長，放在鼻子上面。加 1 條等重（20 克）的白麵團在兩眼中間，才能保持兩眼的距離。

7 秤出頭臉的白麵團（100 克）。搓長，壓成中間厚兩邊薄，把鼻子眼睛都包起來。

8 秤出耳朵的黑麵團（各 40 克），搓長，放在頭上。這就是頭部，暫時冷凍備用。

9 把剩下的白麵團（約 130 克）搓成 20 公分長的圓柱體。加上兩腿的黑麵團（各 40 克）。

10 加上兩手的黑麵團（各 40 克）。這就是身體。

11 把頭放在身體上，輕壓。頭部因為冰過比較硬，所以不會變形，而是身體會貼合頭的形狀。

12 用烤盤紙輕輕包起來，在兩耳中間放支筷子，以隔開兩耳。

13 冷凍 2 小時左右，凍到可以切的硬度。

14 用利刀切成 0.7 公分厚的片，大約可切 30 片，大小約 6×6.5 公分。

15 排在鋪了烤盤布的烤盤上。

16 烤箱預熱至 180°C，把烤盤放在中上層，烤約 14 分鐘，用手輕壓餅乾中間已經變硬，但還有一點彈性，即已烤熟。

21 椰子杏仁酥片 ● 成品重約 550 克

冷凍切片

材料

奶油（室溫軟化）135 克
細白砂糖 ······· 100 克
鹽 ··········· 1/4 小匙
蛋（微溫）······· 1 個
低筋麵粉 ······· 240 克
椰漿粉 ··········· 50 克
杏仁角 ··········· 60 克

烤焙

180°C / 中上層 /15 分鐘

做法

1 麵團的做法和巧克力核桃酥片一樣。

2 刮到 1 張烤盤紙上。

3 包住麵團，用尺協助，擠成圓柱體，長度約30 公分，直徑約 5.5 公分。（照片裡只有半量）

4 撒杏仁角並滾動麵團，讓杏仁角嵌入麵團裡。

5 冷凍 2 小時，直到可以切的硬度。冷凍到半硬時最好取出查看一下，如果切面不圓，可以再將之滾圓。

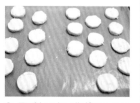

6 用利刀切成將近 0.8公分厚的片，大約可切 40 片。排在鋪了烤盤布的烤盤上。

7 烤箱預熱至 180°C，把烤盤放在中上層，烤約 15 分鐘，用手輕壓餅乾中間已經變硬，但還有一點彈性，即已烤熟。

周老師特別提醒

所有的冰箱小西餅，其烘焙時間都要取決於切片的厚薄：0.8 公分大約需要 15 分鐘，如果切的薄，或許不到 12 分鐘就烤熟了，所以烤焙時間可以設定短一點，視情況再延長。

22 大理石布朗尼　● 成品重約 990 克

乳酪糊

奶油乳酪（室溫軟化）170 克
細白砂糖 ·············· 35 克
蛋白 ·················· 1 個

巧克力糊

苦甜巧克力（70%）·· 250 克
奶油 ················· 150 克
細白砂糖 ··········· 120 克
鹽 ················· 1/4 小匙
蛋（微溫）············· 3 個
低筋麵粉 ············ 135 克

容器

24×19 公分方模 1 個

烤焙

160℃ / 中下層 /30 分鐘

做法

1 模底鋪烤盤紙。烤箱預熱
　到 160℃。
2 把奶油乳酪加糖攪拌到均
　勻柔軟。
3 加入蛋白，快速打勻。放
　一旁備用。
4 把巧克力隔水加熱，攪拌
　到完全融化。
5 加奶油、糖、鹽攪拌均勻。
6 加 1 個蛋，快速打到完全
　均勻融合。
7 再加第二、第三個蛋，同
　法打勻。
8 把麵粉篩入，輕輕拌勻。
9 倒入模中，搖平或刮平。
10 把乳酪糊倒在巧克力糊
　　上面。
11 用橡皮刀把部份巧克力
　　糊翻上來，上下左右刮
　　幾次，產生自然的黑白
　　花紋。

12 放入烤箱中下層，烤約
　　30 分鐘。
13 如果烤到中途發現乳酪糊
　　開始上色，就蓋上一個烤
　　盤或一片鋁箔，以免乳酪
　　糊著色太深，表面不能黑
　　白分明。
14 用刺針刺中間，抽出不黏
　　生糊即是烤熟，否則就
　　再烤 5 分鐘。熟後黑色
　　部份會出現裂痕，這是
　　正常的。
15 放涼。割開邊緣即可扣
　　出，撕掉底紙，切成小塊
　　食用。

周老師特別提醒

這個配方比一般布朗尼成份更高，外表更有變化，而且柔軟美味，雖然一份
的份量很多，但可以冷凍保存，需要時再回溫食用。

重巧克力布朗尼 ●成品重約 450 克

烤後分切

材料

苦甜巧克力（70%）
.... 200 克
奶油 .... 75 克
細白砂糖 .... 75 克
鹽 .... 1/4 小匙
蛋 .... 1 個
低筋麵粉 .... 75 克

烤焙

140℃ / 中層 /
20~25 分鐘

做法

1 巧克力隔水加熱到融化。烤箱預熱到140℃。

2 加奶油、糖、鹽攪拌均勻。

3 放置一段時間，讓糖溶化。

4 再攪拌一下，然後把蛋加入，攪打到完全均勻。

5 把麵粉篩入。輕輕拌勻成巧克力糊。

6 刮到鋪了烤盤布的烤盤裡。（照片裡是兩倍的份量）

7 用刮板刮到約 1 公分的厚度。

8 放置中層烤約 20~25 分鐘。

9 可用刺針刺中間，抽出看看，不黏生料就是熟了。

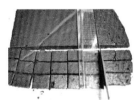

10 完全冷卻才能脫模分切，最好冷藏過再切，否則容易碎散。用利刀切成 2、3 公分的小塊。

周老師特別提醒

● 這是巧克力成份最高，香濃味苦、入口即化的高級布朗尼，做法非常簡單，沒有任何裝飾，也以自然形狀進爐烤焙。

● 重巧克力布朗尼也是溫熱食用最柔軟，冷藏就會變硬，但還是會在口中化開，就像冰過的巧克力一樣美味。把幾塊微溫的重巧克力布朗尼放在冰淇淋上，用湯匙抹開一起享用，不但增加口感變化，又可緩解舌頭口腔的冰凍感。

24 核桃布朗尼 ● 成品重約 750 克

烤後分切

周老師特別提醒

● 布朗尼（brownies）配方幾乎就是磅蛋糕（pound cake）配方，但是鋪平了
  烤焙，水份蒸發比較多，所以口感介於麵糊類蛋糕和小西餅之間，結實而濃
  郁。不過現在有些業者用乳沫類可可蛋糕充做布朗尼，成本低廉，口感蓬鬆
  柔軟清淡，完全失去布朗尼本色。

● 布朗尼就和麵糊類蛋糕一樣，比較不宜冰著吃，會覺得比較乾硬。冰吃也不
  覺變硬的麵糊類蛋糕，都是靠添加物改變其性質，並不自然。

● 淋在表面的巧克力宜柔軟，如果改用苦甜巧克力，或在寒冷季節，可以加 2
  大匙牛奶一起攪拌，以免變成硬脆的巧克力殼。

材料

核桃仁‧‧‧‧‧‧‧‧‧‧80 克
奶油（室溫軟化）150 克
細白砂糖‧‧‧‧‧‧‧150 克
鹽‧‧‧‧‧‧‧‧‧‧‧1/4 小匙
蛋（微溫）‧‧‧‧‧‧‧‧3 個
低筋麵粉‧‧‧‧‧‧‧120 克
可可粉‧‧‧‧‧‧‧‧‧‧30 克

牛奶巧克力‧‧‧‧100 克

容器

24×19 公分方模 1 個

烤焙

175℃／中下層／
25~30 分鐘

做法

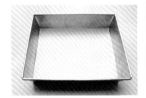

1 模子底部鋪烤盤紙。

2 烤箱預熱至 175℃。
核桃仁順便放入烤
脆，大約 5~10 分鐘，
聞到香味即可取出，
千萬不要烤焦。

3 奶油、糖、鹽一起用
力攪打。

4 打到蓬鬆柔軟，顏色
也會變得比較白。

5 加入 1 個蛋。

6 快速打到完全融合。

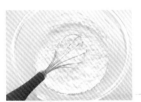

7 加到第 3 個蛋就不容
易打融合，顯得花花
的，要非常快速攪拌
才能融合。

8 用機器打效果更好。

9 低筋麵粉和可可粉一
起篩入

10 輕輕拌到九分勻。

11 加核桃仁拌勻。

12 刮入模型中。

13 左右搖平。

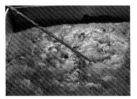

14 放入烤箱中下層烤
25~30 分鐘，用刺
針刺中間，抽出後不
黏生料即可。

15 放涼。割開邊緣即可
扣出，撕掉底紙。

16 巧克力隔水加熱到融
化，淋在已冷卻的布
朗尼表面。

17 用刮板抹平。

18 冷藏讓巧克力凝結，
再切成小塊食用。

25 熔岩布朗尼

● 成品重約 550 克

材料

苦甜巧克力 ····· 110 克
牛奶巧克力 ······ 50 克
奶油 ··········· 90 克
蛋黃 ············· 4 個

蛋白 ············· 4 個
細白砂糖········ 80 克

低筋麵粉········ 55 克

烤焙

210℃ / 中下層 /
12 分鐘

烤後分切

特殊工具

心形活動模，
19×16.5 公分

做法

1 巧克力隔水加熱到融化，加奶油攪拌均勻。

2 加蛋黃，一次一個。

3 全部加完且攪拌到完全融合。

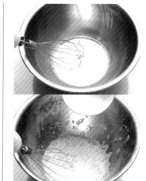

4 蛋白用中速或高速打起泡。

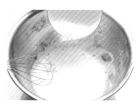

5 分幾次加入糖，繼續攪打。

6 打到硬性發泡。不可打到拉不出尖峰，那就是打過頭了。完整的蛋白打發步驟請參考 129 頁。

7 巧克力糊全部刮入蛋白裡，手持球形攪拌器，輕輕把兩者拌到9分勻。

8 把麵粉篩入。

9 用橡皮刀輕輕拌勻。

10 連盆放在冰塊水上，不時攪拌一下。

11 冰到整盆都變得冰涼濃硬為止。同時把烤箱預熱到210℃。

12 把蛋糕糊刮到模子裡，略刮平。

13 放入中下層烤9分鐘。出爐，放涼幾分鐘。

14 因為太軟，得連模子底盤一起取出。

15 再使之滑入盤裡，取走底盤。

16 食用時小心撕掉邊紙，盡可能連底紙一起撕掉。

17 只要受到一點拉力或震動，就會破裂而流出「熔岩」。

心形烤模墊紙

本食譜所用模型是心形活動模，19×16.5公分，可用大小類似的烤模代替。這種布朗尼使用活動模在脫模時比較方便，但無論是否使用活動模，模底最好墊烤盤紙，圓或方形烤模墊紙容易，心形烤模墊紙的方法如下：

1 用烤盤紙包住底盤，壓緊。

2 放入模裡，剪掉多餘的紙。

3 把底盤移到紙下方。

周老師特別提醒

● 這種布朗尼又稱半熟巧克力，原理是把冰涼的麵糊高溫快烤，所以外熟內生，就如任何冰冷的食物高溫快煮，也會外熟內生。

● 如果喜歡更熟一點、凝結部份多一點，烤焙時間可以延長1~2分鐘，但不能太久，如果裡外都烤熟，就失去半熟巧克力的特色。

● 半熟巧克力可放心食用，但不宜存放太多天；如果要贈送他人，請在步驟**15**時將之滑入蛋糕盒裡，不要撕開邊紙，蓋好盡快冷藏甚至冷凍，才能結實便於運送。

烤後分切

26 白蘭地櫻桃酥 ●20個

材料

新鮮櫻桃······ 20 個	蛋黃············1 個
（約 220 克）	浸泡櫻桃的酒汁· 20 克
櫻桃白蘭地 ···約 80 克	低筋麵粉······· 150 克
奶油（室溫軟化） 80 克	紅火龍果原汁·····少許
糖粉··········· 40 克	細白砂糖·········少許
鹽··········· 1/8 小匙	

烤焙

180℃ / 中下層 / 20 分鐘
100℃ / 中下層 / 30 分鐘

做法

1 把新鮮櫻桃切半，去核。
2 加櫻桃白蘭地到淹過表面，密封，浸泡 24 小時以上。
3 把奶油加糖粉和鹽攪打均勻
4 加蛋黃和醃櫻桃的酒汁 20 克。
5 用力攪打到均勻融合。
6 把低筋麵粉篩入。
7 輕輕拌勻。拌勻就好，不要過度攪拌。
8 搓長，切成 20 小段。
9 一一揉圓，捏成小碗狀。
10 包入兩個切半的酒漬櫻桃。
11 輕輕揉圓。
12 放在小鋁箔杯上。若沒有也可以不用，直接放在烤盤布上烤，但要改成放在烤箱中層。
13 烤箱預熱到 180℃，放中下層烤約 20 分鐘。
14 把紅火龍果原汁刷在上方。
15 整個刷滿浸泡櫻桃的酒汁。
16 沾滿糖粒。
17 放回烤箱，用 100℃烘約 30 分鐘，直到糖粒乾燥且固定。

周老師特別提醒

● 櫻桃白蘭地（Kirsch）是把櫻桃發酵後蒸餾而成的白蘭地，酒精度高達 50%，香味迷人，適合做甜點，但不容易買到，可用一般白蘭地代替。

● 如果有櫻桃去核器更好，櫻桃可以不用切開直接去核浸泡，不但比較好包，也不用擔心烤到變形。

● 紅火龍果原汁只是為了染色，不介意的話用一點點食用色素亦可。

● 這道酥點甜味低而酒味非常重，裹上脆糖衣，類似頂級的酒心巧克力，高雅美味，但不適合小朋友食用。剛烤好時酒香撲鼻，放越久酒味越淡。

27
豆豆酥

● 成品重約 210 克

材料

奶油（室溫軟化）	60 克
糖粉	45 克
蛋	半個
天然香草	少許
低筋麵粉	105 克
奶粉	15 克
無鋁發粉	1/4 小匙

烤焙

180℃ / 中上層或上層 /
8 分鐘

做法

1 奶油加入糖粉，打到蓬鬆柔軟。
2 把蛋和香草加入，快速攪打到完全均勻。
3 把 3 種粉類一起篩入。
4 輕輕拌勻成柔軟的麵團。
5 放在烤盤布上，用刮板壓扁，整理成方正的形狀。
6 切成 120 個小方塊。
7 一一搓成小湯圓。搓時動作要輕而快，不然手溫會使麵團變黏。拿到比較大塊的麵團就剝一點下來，加上散碎的麵團一起搓成小湯圓，所以最後總數會多於 120 個。
8 烤箱預熱到 180℃。把烤盤放在中上層或上層，烤約 8 分鐘。熄火後可以再用餘熱烘 1、2 分鐘，口感會更酥脆。

手工搓揉

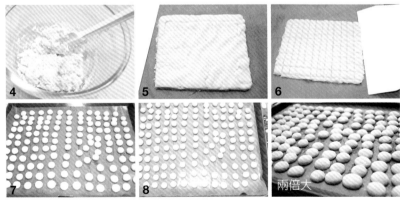

兩倍大

周老師特別提醒

● 這個配方甜度比市售品低，喜歡的話就再加 15 克糖粉。
● 搓小圓球可以培養小朋友靈巧的隻手，還有細心和耐心，也是很有趣的親子活動。如果越搓越沒耐性，搓得太大大顆，烤後會變扁，上面有兩倍大的麵團烤後的樣子。
● 這種餅乾烤焙顏色深比較酥脆，烤焙顏色淺比較好看，所以最好烤到底部比正面顏色深。

28 葡萄酥 ●成品重約 270 克

材料

葡萄乾 ⋯⋯⋯⋯ 60 克
奶油（室溫軟化）· 50 克
細白砂糖 ⋯⋯⋯ 50 克
鹽 ⋯⋯⋯⋯ 1/8 小匙
蛋（微溫）⋯⋯⋯ 半個
低筋麵粉 ⋯⋯ 120 克

蛋黃 ⋯⋯⋯⋯ 半個
水 ⋯⋯⋯⋯ 1/4 小匙

烤焙

180℃ / 中上層 /
18 分鐘

做法

1 把葡萄乾泡水 10 分鐘，瀝乾備用。不要泡太久。

2 奶油加糖、鹽攪拌到蓬鬆柔軟。

3 加蛋，用力打到均勻融合。

4 把麵粉篩入，拌到八分均勻。

5 加葡萄乾，一起拌勻成柔軟的麵團。

6 用刮板把麵團輕壓成方正的扁平塊狀。

7 切成 20 等份。

8 一一輕輕揉圓。揉圓後就會看出大小不一，或者葡萄乾有多有少，調整好。

9 如果葡萄乾曝露在表面，輕推旁邊的麵團將之蓋住。再揉圓。

10 搓成兩頭尖尖的長梭形。

11 蛋黃加水攪勻，刷在表面。

12 烤箱預熱至 180°C，放中上層烤約 18 分鐘即可。

周老師特別提醒

如果有時間也可以一個一個秤重，一個約 15 克。步驟 **8** 的揉圓動作要輕，不要用力，手溫會使麵團發黏而難以成型。

---

29 肉鬆餅　●成品重約 220 克

材料

奶油（室溫軟化）·50 克
細白砂糖········50 克
鹽··········1/8 小匙
蛋（微溫）········半個
低筋麵粉······110 克
肉鬆··········15 克

蛋黃··········半個
水··········1/4 小匙

烤焙

180°C / 中上層 /
18 分鐘

做法

1 麵團的和法與葡萄酥相同。

2 最後不加葡萄乾而加肉鬆（肉鬆當然不需要泡水）。

3 分成小塊，一一揉圓，中間壓凹。

4 刷上蛋水並烤焙。

周老師特別提醒

- 肉鬆餅如果重量要和葡萄酥差不多，每個 14.5 克，只能分成 17 個。
- 這兩種配方都只用半個蛋、半個蛋黃，所以如果想兩種口味都做，就一起和麵團並且一起烤，方便又經濟；但是一烤盤裡份量加倍，溫度最好提高個 5~10°C。
- 一開始把兩倍的奶油、糖和鹽打好，攪入一個蛋，再加 220 克麵粉。和成麵團後分成兩半，一半加 10 克麵粉和葡萄乾，另一半只加肉鬆。
- 葡萄酥的麵粉用量比肉鬆餅多些，是因為葡萄乾不管是否泡過水，含水量都比肉鬆多。

周老師特別提醒
這是我配合耶誕節慶設計的餅乾，口感是硬硬脆脆的，糖油量不太多。紅色草莓香精可以用紅色食用色素加草莓香料代替，如果覺得不自然，也可以不加，而把部份麵粉用可可粉代替，做成黑白相間的拐杖糖餅乾。

30 拐杖糖餅乾

● 成品重約 460 克

材料

奶油 (室溫軟化) 100 克　　低筋麵粉⋯⋯⋯ 260 克
細白砂糖⋯⋯⋯ 100 克　　檸檬皮末⋯⋯⋯⋯少許
鹽⋯⋯⋯⋯ 1/4 小匙　　紅色草莓香精⋯⋯少許
蛋 (微溫)⋯⋯⋯⋯ 1 個

烤焙

175℃ / 中層 / 15 分鐘

做法

1 奶油加糖、鹽打到均勻柔軟。

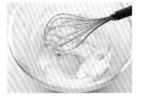

2 加蛋,快速打到完全融合。

3 分成兩半,各約 125 克。一半加入檸檬皮末和 130 克麵粉。

4 拌成均勻柔軟的白色麵團。

5 另一半先加草莓香精拌勻。

6 再加 130 克麵粉,拌勻成紅色麵團。

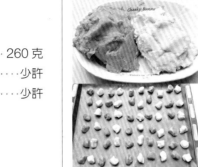

7 兩色麵團各分切成 32 塊,每塊約 8 克。用塑膠袋蓋著以免越做越乾。

8 烤箱預熱到 175℃。烤盤上鋪烤盤布。

9 把一塊麵團在手裡搓揉一下,使之光滑。

10 輕輕搓長到 15~20 公分。

11 再搓另一色,兩色併放在一起。

12 輕輕撥動,使麵團扭轉成紅白相間的斜紋狀。

13 排在烤盤上,彎成拐杖形。放入烤箱中層,烤約 15 分鐘即可。

14 烤到底部著色而正面不太著色,才能兼顧紅白相間的外表,與硬脆的口感,所以若是烤到後期覺得表面和底層的熟度差不多,可以把烤盤再往下移。

31 小牛粒（蛋黃小西餅）

● 成品重約 190 克

小牛粒材料

蛋 ⋯⋯⋯⋯⋯⋯ 1 個	低筋麵粉⋯⋯⋯ 90 克
蛋黃 ⋯⋯⋯⋯⋯ 2 個	
鹽 ⋯⋯⋯⋯ 1/8 小匙	糖粉 ⋯⋯⋯⋯⋯ 適量
糖粉 ⋯⋯⋯⋯ 75 克	

烤焙

195℃ / 中上層 / 6 分鐘

做法

1 烤箱預熱。在兩個烤盤上鋪烤盤布。

2 把蛋、蛋黃、鹽、糖粉放盆中打散。一起隔水加熱到微溫（用手指輕觸，覺得比自己的體溫稍高）。

3 用機器以高速打發。要打到極為濃稠，幾乎不會流動，約需 2~5 分鐘。

4 把麵粉篩入輕輕拌勻。

5 很容易拌勻，但因為很濃稠，一攪動就會顯得粗糙，不要誤以為還沒拌勻而一直攪拌，會導致失敗。

6 擠花袋裡裝直徑 1 公分圓擠花嘴，把麵糊全部裝入。

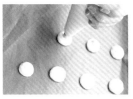

7 一盤擠 35 個小球，約用掉半量麵糊。不可以擠太大，會攤開而烤成圓餅狀。

8 用小篩子把糖粉篩在表面。

9 放烤箱中上層，烤 6 分鐘。如果完全沒有著色，熄火用餘熱再烘幾分鐘。

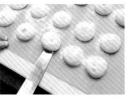

10 出爐放涼，用小刀從烤盤布上刮下。

11 同法烤好第二盤。這種乳沫麵糊容易消泡，不過本配方不含油脂，不會太快消泡，第二盤可以等第一盤烤好再進爐。夾心的香草奶油霜請參考次頁。

香草奶油霜

材料

香草莢 ········· 半根	鹽 ········· 1/8 小匙
奶油（室溫軟化）·80 克	糖粉 ········· 16 克

做法

1 香草莢用刀尖剖開。刮下半條的香草籽。另半條可以包好冷藏，當然要全部加入也可以。

2 把奶油、鹽、糖粉、香草籽放入中碗裡，快速攪拌均勻。

3 在兩片大小相同的小餅中夾一些奶油霜，成為一組。

4 在涼爽處放置片刻才會固定，才能收到密封盒或餅乾袋裡。

棉棉派

32 棉棉派

● 成品重約 380 克

材料

蛋 ⋯⋯⋯⋯⋯⋯2 個
蛋黃 ⋯⋯⋯⋯⋯⋯1 個
糖粉 ⋯⋯⋯⋯⋯ 40 克
鹽 ⋯⋯⋯⋯⋯ 1/8 小匙
天然香草⋯⋯⋯⋯ 少許
低筋麵粉⋯⋯⋯⋯ 90 克

大棉花糖（每粒約 5 克）
⋯⋯⋯⋯⋯⋯ 15 粒
苦甜巧克力（70%）
⋯⋯⋯⋯⋯⋯200 克

烤焙

190℃／中層／ 10 分鐘

做法

1 烤箱預熱到 190℃。花袋裡裝個超過 1 公分的圓擠花嘴，如圖把花袋卡在花嘴上，可避免麵糊流出。

2 蛋、蛋黃、鹽、糖粉放在盆裡，放在溫水上用手提電動打蛋器攪打。

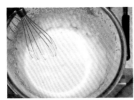

3 高速打到極為濃稠且顏色發白，需要 2~5 分鐘。

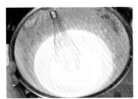

4 加少許香草，再把麵粉篩入。

5 輕輕拌勻，不要過度攪拌。

6 裝入擠花袋裡。

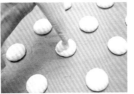

7 擠在烤盤上，每盤 15 個。共可擠 30 個。

8 放烤箱中層，烤約 10 分鐘，烤到上下都呈淺黃色。

9 取出待稍涼，用小刀刮下。

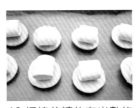

10 把棉花糖放在半數的餅上。

11 回烤箱再烘烤片刻，直到用手輕壓棉花糖覺得變軟，甚至感覺有點黏。

12 把另一片蓋上，壓合。放涼。

13 巧克力隔水加熱到融化，拿餅去沾滿。

14 放在烤盤布上，輕輕壓一下讓底部巧克力變薄，再用手指把上面和周圍多餘的巧克力抹掉。冷藏至巧克力凝結即可食用。

周老師特別提醒

● 步驟 **3** 攪打的濃度決定餅的厚度，蛋糖打得不濃，餅比較扁平，組織緊密；打得越濃，餅就越厚，組織蓬鬆，可以據此做出自己喜歡的厚度。

● 使用高成份苦甜巧克力的優點是香味濃甜味淡，而且不冷藏也不容易融化，但是苦甜巧克力流動性不佳不易沾裹，還要用手抹薄。

● 使用牛奶巧克力，沾裹比較容易，甩一甩就會變薄，但是成品最好冷藏，尤其是夏天，不冷藏會沾得到處都是。

33 淑女手指餅乾

● 成品重約 220 克

材料

蛋黃 ············· 2 個
細白砂糖 ······· 34 克
　（即與蛋黃等重）
鹽 ··········· 1/6 小匙
天然香草 ········· 少許

蛋白 ············· 2 個
細白砂糖 ········ 66 克
　（即與蛋白等重）

低筋麵粉 ······· 100 克
　（即與全蛋等重）

烤焙

180℃ / 中上層 / 8~12 分鐘

做法

1 烤箱預熱。烤盤鋪烤盤布。

2 蛋黃加糖、鹽、香草，攪打到濃稠發白。

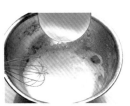

3 蛋白打到起泡，加入一半的糖。完整的蛋白打發步驟請參考 129 頁。

4 繼續打成鮮奶油狀，再加另一半糖。

5 打到硬性發泡，或接近硬性發泡的狀態。

6 把蛋白刮到蛋黃裡，輕輕拌幾下。

7 換用橡皮刀把盆底的蛋黃翻起。

8 把麵粉篩入，輕輕拌勻。只要拌到沒有乾粉即可，麵糊因為很濃稠所以顯得粗糙，不要以為沒拌勻而攪拌不停。

9 擠花袋裡放 1 公分圓嘴，把全部麵糊裝入。

10 擠在烤盤布上擠成細長條。

11 放中上層烤 8~12 分鐘，只要有幾個上色即可。熄火再烘幾分鐘，全體的顏色會更深也更均勻。稍冷卻再用小刀輕輕取下。

周老師特別提醒

● 淑女手指常用在提拉米蘇或慕思圍邊，形狀可以配合需要而改變，但如果當做餅乾單吃，最好擠得細長才名符其實。

● 淑女手指比較甜，容易吸潮變黏，如果想大量做好一起裝盒或裝袋，就要烘久一點，烘到又乾又脆，冷卻裝袋後才不會黏在一起。

● 如果想降低甜度，可以酌減蛋黃部份的糖，不要減少蛋白部份的糖。

蛋打發

34 蛋黃餅乾 ● 成品重約 210 克

材料

低筋麵粉⋯⋯⋯⋯⋯120 克
奶油（室溫軟化）⋯⋯ 30 克
無鋁發粉⋯⋯⋯⋯ 1/4 小匙

蛋 ⋯⋯⋯⋯⋯⋯⋯1 個
蛋黃 ⋯⋯⋯⋯⋯⋯2 個
鹽 ⋯⋯⋯⋯⋯ 1/8 小匙
糖粉 ⋯⋯⋯⋯⋯ 60 克

特殊工具

自製擠餅器 1 個，
套上擠花袋

烤焙

180℃ / 中上層 / 7~8 分鐘

做法

1 把麵粉、奶油和發粉用手搓在一起。

2 過篩。因為含油，所以不能自然從篩裡落下，要用手指壓搓。

3 烤箱預熱到 180℃。把蛋、蛋黃、鹽、糖粉打一下，隔水加熱到微溫。

4 用電動打蛋器高速打發。要打到極為濃稠，幾乎不會流動，約需 2~5 分鐘。

5 把篩過的奶油麵粉加入。

6 輕輕拌勻。因為很濃稠，所以拌好後還是會顯得粗糙，不要因此而過度攪拌。

7 刮入裝了擠餅器的擠花袋裡。

8 擠在鋪了烤盤布的烤盤上，大小約 4.5×7 公分。一盤可擠 16 片，約用掉全部麵糊的一半。

9 放烤箱中上層，烤 7~8 分鐘即上色。

10 熄火，用餘熱烘幾分鐘，讓顏色更平均。

11 另一半麵糊依法擠好第二盤並烘焙。

蛋
打
發

周老師特別提醒

這是非常營養可口的餅乾，口感酥脆而細嫩，適合
小朋友食用；如果對無鋁發粉仍然不放心，不添加
也可以，只是鬆發程度差一點點而已。

蛋打發

自製擠餅器

做法

1 找一個瓶口大（圖中為直徑 3.2 公分）的寶特瓶。

2 把開口浸在沸水裡 10 幾秒，拿出來即可壓扁。為
避免燙手，請墊著乾布壓。

3 壓成扁嘴巴。若還沒壓好就變硬，再浸一次沸水。

4 不要壓成兩頭大中間薄。如果指力不夠無法把兩頭
壓扁，就用鉗子壓。

5 剪掉瓶身，只留瓶口。

6 放入擠花袋裡，慢慢把袋口剪大，直到擠餅器露
出來。

周老師特別提醒

● 自製擠餅器我叫它「鯰魚嘴」，可把麵糊擠成薄片，
非常方便，而且不用花錢。不過套著鯰魚嘴的擠花
袋開口要剪的很大，以後就不能再裝其它擠花嘴使
用，而成為鯰魚嘴專用的袋子。

● 用一般擠花嘴擠麵糊，需離烤盤約 1 公分，但鯰魚
嘴是貼著烤盤擠的，這樣才能擠得又薄又平均。

35 鬆厚蛋黃餅乾 ● 成品重約 300 克

材料

低筋麵粉‥‥‥‥ 180 克
奶油（室溫軟化）‥50 克
無鋁發粉‥‥‥‥1/3 小匙

蛋 ‥‥‥‥‥‥‥ 1 個
蛋黃 ‥‥‥‥‥‥ 3 個
鹽 ‥‥‥‥‥‥1/8 小匙
糖粉 ‥‥‥‥‥‥80 克

烤焙

180℃／中上層／
15 分鐘

做法

1 麵糊的做法和蛋黃餅
乾相同。

2 把全部麵糊刮到鋪了
烤盤布的烤盤上，表
面噴水霧。

3 用手把麵糊拍平，幾
乎佈滿整張烤盤布，
周圍只留 3~4 公分。
如果覺得黏手，就再
沾點水。

4 用刮板在麵糊裡「開
路」，就是切下後把兩
邊推開，讓每片中間
相距約 1 公分。

5 做成 30 片餅乾，放
烤箱中上層，烤 15
分鐘，直到餅乾膨脹
且著色。

6 留在烤箱裡用餘熱烘
到顏色更平均，取出
放涼，密封包裝。

周老師特別提醒
蛋黃餅乾營養美味，但
如果想大量製做，或不
想自製擠餅器，可改用
這種方法，餅乾變厚變
大，但一樣鬆脆可口。

36 杏仁薄片 ● 成品重約 370 克

材料

蛋白 ⋯⋯ 100 克（約 3 個）
細白砂糖 ⋯⋯⋯⋯⋯ 100 克
鹽 ⋯⋯⋯⋯⋯⋯ 1/8 小匙
沙拉油 ⋯⋯⋯⋯⋯⋯ 40 克
低筋麵粉 ⋯⋯⋯⋯⋯ 30 克
杏仁片 ⋯⋯⋯⋯⋯ 200 克

烤焙

190℃ / 中上層 /10 分鐘

做法

1 全部材料放在盆中，用筷子輕輕拌勻。（因為杏仁片的戳散效果，整體很容易均勻，連麵粉都不用過篩）。
2 烤盤墊烤盤布，把半量材料用小匙舀在上面成為 24 或 25 小堆。共可做兩盤，48 或 50 片
3 用手指把杏仁片推開至幾乎不重疊的程度。
4 烤箱預熱至 190℃，放上層或中上層烤 10 分鐘。
5 把顏色夠深的先用刮刀取出來。如果有黏在一起的地方，用剪刀剪開。其它留在烤箱裡繼續烤到上色。
6 烤好後放架上冷卻，密封包裝。

蛋不打發

周老師特別提醒

● 杏仁薄片是最受歡迎的脆餅，材料調製極為簡單，只有推成薄片比較費工，但最困難的步驟是烤焙，因為薄，所以家用烤箱很難把它烤得顏色均勻，烤 7~8 分鐘後一定要看著，先上色的先出爐。

● 剛出爐的時候軟而不脆是正常的，只要表面和底部都有烤到上色就是熟透，冷卻後就一定很香脆。

37 貓舌餅 ●成品重約 240 克

材料

奶油（室溫軟化） 80 克	蛋白（室溫）⋯⋯⋯ 2 個
細白砂糖⋯⋯⋯ 80 克	（80 克）
鹽⋯⋯⋯⋯ 1/8 小匙	低筋麵粉⋯⋯⋯ 88 克
香草莢⋯⋯⋯⋯半根	

烤焙

180℃ / 中上層 / 7 分鐘

做法

1 烤箱預熱至 180℃。在兩個烤盤上墊烤盤布。

2 奶油加糖、鹽、香草打到膨鬆柔軟。

3 加入一半蛋白。

4 高速打到完全融合。

5 加再另一半蛋白，同法打勻。盆邊的奶油要刮下
　來一起打。

6 把麵粉篩入，輕輕拌勻。

7 擠花袋裡裝直徑 1 公分圓擠花嘴，把麵糊全部
　裝入。

8 在鋪了烤盤布的烤盤上擠成兩頭大的長條，長約
　6 公分。中間少一條，有助於火候平均。

9 貓舌餅烤時很會擴張，所以不能擠得太密。

10 放在烤箱中上層烤約 7 分鐘，熄火再燜幾分鐘。
　 著色應邊緣深中間淺。

11 要確定底面有烤上色，否則不會酥脆。

12 也可以擠成兩個圓球，烤好就會黏成一個貓舌
　 形狀。

周老師特別提醒

奶油和蛋白不容易融合，所以做貓舌餅最好用電動
打蛋器攪拌。

蛋
不
打
發

38 脆皮花生酥

● 成品重約 280 克

材料

脫皮花生⋯⋯⋯ 180 克
蛋白 ⋯⋯⋯⋯⋯ 2 個
細白砂糖⋯⋯⋯⋯ 80 克
鹽 ⋯⋯⋯⋯⋯ 1/4 小匙
低筋麵粉⋯⋯⋯⋯ 20 克

烤焙

160℃ / 中上層 /
24 分鐘

做法

1 花生放入烤箱，用 180℃烤約 10 分鐘，直到金黃香脆。中途要撥動幾次，火候才會平均。

2 蛋白、糖、鹽、麵粉放在小鍋裡，把花生也倒入。

3 攪拌均勻，用中火煮。

4 煮到快要沸騰，看鍋邊出現白色凝結物即可熄火。

5 舀在烤盤布上，分成 20 堆。

6 把形狀和大小調整到盡量一致。

7 烤箱預熱至 160℃，放中上層烤約 24 分鐘，直到呈現可口的棕褐色。

周老師特別提醒

完整的花生感覺上比較硬，若牙力不好，可以用碎花生代替，就是在烤花生前就先用擀麵杖將之敲碎。

脆餅乾 Biscuits

Biscuits（或 crackers），即餅乾，成份低，奶油含量約在麵粉的 0% 到 30% 之間，糖量則有多有少。因為油脂含量低，如果糖量也少，就需要添加膨脹劑或利用酵母發酵，除非本來就打算做很硬的餅乾。

餅乾多由機器大量生產，所以也可稱為「機器餅乾」。家庭裡沒有設備和大烤箱，要做機器餅乾有點困難，所以比較少人做，但這反而讓它變成有趣的挑戰。再者，小朋友們最愛的零食就是餅乾，但市售餅乾的添加物很多，又常使用氫化油，若能自製，就可以讓孩子們在享受口福之餘，同時還能兼顧健康。

Biscuits 分類	成形法	內容包括
膨鬆劑餅乾	壓平切片或印出	薑餅人、日式煎餅、胡蘿蔔燕麥脆餅、芋頭餅乾
	壓平切條	香蔥餅乾棒、硬脆餅乾棒、洋芋棒
	分割再壓扁	香草牛奶餅乾、亮面椰子餅乾、巧克力夾心餅乾、老街芝麻脆餅
酵母餅乾	壓平切片	蘇打餅乾、香蔥紫菜蘇打、蕃茄蘇打、健康蘇打、奶油蘇打、口袋小熊餅、胡椒蔥餅
	切條盤捲	蝴蝶脆餅
	連模烤焙	彩色甜甜圈
硬脆餅乾		豬耳朵、義式杏仁硬脆餅（原味杏仁、可可杏仁、椰子開心果）

39 芋頭餅乾

● 成品重約 280 克

材料

芋頭 ⋯⋯⋯⋯⋯淨重 200 克
細白砂糖 ⋯⋯⋯⋯⋯ 30 克
鹽 ⋯⋯⋯⋯⋯⋯ 1/4 小匙
奶油 ⋯⋯⋯⋯⋯⋯⋯ 60 克
卵磷脂 ⋯⋯⋯⋯⋯ 1 小匙
油蔥酥 ⋯⋯⋯⋯⋯ 1 大匙

低筋麵粉 ⋯⋯⋯⋯⋯100 克
小蘇打 ⋯⋯⋯⋯⋯ 1/3 小匙

烤焙

180℃ / 中層 / 12 分鐘
120℃ / 中層 / 20 分鐘

周老師特別提醒

摻有大量芋頭的麵團，因為芋頭的黏性，很難做的鬆脆，所以這餅乾不宜太厚，否則口感會變得堅韌。

做法

1 芋頭切小塊，隔水蒸 20 分鐘即熟（避免太多水份滴入芋頭裡）。趁熱加糖、鹽、奶油、卵磷脂、油蔥酥，一起搗成泥，一定要搗細。

2 芋泥涼後，把麵粉和小蘇打篩入。

3 攪拌一下，用手揉成團，不要過度揉搓。

4 把一半多一點的麵團放在烤盤布上，撒點手粉，擀成大薄片。如果擀時一直碎裂，表示太乾，可以噴少許水份。

5 用尺及輪刀切成 5 公分正方片，可切成 20 片。輪刀要確實切到底。

6 用刮板把餅乾一片一片輕輕刮起，排在另張烤盤布上，每片之間有半公分左右的間隔。

7 用針車輪刺洞，如果沒有，用叉子刺也可以。

8 烤箱預熱到 180℃，放中層或中上層烤 12 分鐘。

9 步驟 **5** 切剩的碎邊，和步驟 **4** 剩下的一半少一點的麵團，兩者揉在一起，再做 20 片餅乾，同法烤熟。

10 全部餅乾都烤好後，把烤箱調到 120℃，把全部餅乾放入烘乾 20 分鐘，才能確保香脆。

壓平切片或印出

⓵⓪ 薑餅人 ●成品重約 460 克（不包括糖霜）

材料

奶油（室溫軟化）‥‥‥	80 克
鹽‥‥‥‥‥‥‥‥	1/4 小匙
薑粉‥‥‥‥‥‥‥	1 小匙
肉桂粉‥‥‥‥‥‥	1/4 小匙
蛋‥‥‥‥‥‥‥‥	1 個
蜂蜜‥‥‥‥‥‥‥	100 克
低筋麵粉‥‥‥‥‥	300 克
可可粉‥‥‥‥‥‥	1 大匙
小蘇打‥1/4 小匙（可省略）	

特殊工具

各種薑餅印模

烤焙

180℃ / 中上層 /10 分鐘

做法

1 所有材料放入攪拌缸裡。

2 以最慢速攪拌成均勻的麵團。用手揉亦可。

3 包好，放著醒3小時以上，隔夜也可以。

4 放在烤盤布上，擀到離邊緣只有2、3公分。要厚薄均勻。

5 用印模印出各種花樣，把多餘的麵團拿走。

6 會剩下相當多麵團，可以再擀開，鬆弛30分鐘後再印出一些薑餅。如果不鬆弛，印出的薑餅會縮小。

7 烤箱預熱至180℃，放中上層烤10分鐘。如果輕壓中間的餅覺得還軟，可留在烤箱裡用餘熱再烘幾分鐘。

周老師特別提醒

● 薑餅（Ginger bread）有各種配方，用來做薑餅人的是硬麵團，烤好才結實易保存；而且加蜂蜜而非砂糖，烤後比較不會變形，和廣式月餅加轉化糖漿的用意相同。

● 若不喜歡薑粉和肉桂粉的味道，可以不加，不過薑餅若沒有這種特殊香味就沒特色了。加小蘇打可以讓薑餅鬆脆一點，也可以平衡蜂蜜的酸性，但是不加也可以。

壓平切片或印出

薑餅裝飾

糖霜材料

糖粉 ····· 180~200 克
蛋白 ············· 1 個
食用色素 ········· 少許

做法

1 把糖粉過篩，加蛋白攪拌均勻，即可使用。

2 裝 1/3 在小擠花袋裡，袋口剪小洞。

3 在薑餅上擠線條。

4 填滿部份區域。

5 把 1/3 調成紅色，另 1/3 調成綠色，都擠在薑餅上。

6 如果需要黑色，可以把少許苦甜巧克力融化了擠上去，或用筷子沾著點上去。

7 除了糖霜外，薑餅上也可以抹一點點食用水，撒砂糖顆粒。

8 輕敲一下即可。

9 表面有缺陷的薑餅，可以全部塗滿糖霜，也很好看。

10 等全部糖霜乾燥凝固即可食用或包裝起來，若不受潮可以保存很久。

周老師特別提醒

● 1 個蛋白 33 克，加越多糖粉，糖霜就越乾，反之則越溼。室內乾燥時，加 180 克糖粉即可，潮溼時加 200 克。

● 太溼的糖霜不容易乾燥凝固，甚至會從薑餅上流下來；太乾的糖霜擠出後不會把區域填平，就不會平滑。

太乾　　　太溼

● 如果糖霜太溼，可以加一點糖粉攪拌一下；若太乾，就加一點水。

壓平切片或印出

67

周老師特別提醒

- 花生仁最好是烤熟而非炸熟,不然表面油油的,容易從餅上脫落。除了花生仁以外,這裡還用了葵瓜子仁、綠海苔粉、黑芝麻。

- 加小蘇打口感比較鬆脆,不加也可以,組織比較緊實,也很好吃。煎餅的軟硬主要由烘烤火候決定,如果想更堅硬,可在烤好後留在烤箱裡多烘幾分鐘。

- 除了本食譜的做法外,也可以把和好的麵團包成圓柱或方柱體,冷凍到硬,再切片烤焙,就像做冰箱小西餅一樣——如果切片的技術好,這會是更省時的方法。

41 日式煎餅 ● 成品重約 680 克

材料

蛋‧‧‧‧‧‧‧‧‧‧‧‧‧較小的 2 個
　（淨重約 90 克）
細白砂糖‧‧‧‧‧‧‧‧‧‧‧‧‧ 160 克
融化奶油‧‧‧‧‧‧‧‧‧‧‧‧‧‧90 克
醬油‧‧‧‧‧‧‧‧‧‧‧‧‧‧‧‧‧ 1 大匙
中筋麵粉‧‧‧‧‧‧‧‧‧‧‧‧‧ 180 克
低筋麵粉‧‧‧‧‧‧‧‧‧‧‧‧‧ 180 克
小蘇打‧‧‧‧‧‧‧‧‧‧‧‧‧‧1/4 小匙

熟花生仁‧‧‧‧‧‧‧‧‧‧‧‧‧‧‧ 少許

特殊工具

菊花印模（直徑 6.5 公分）1 個
長方餅乾模（4.5×6.5 公分）1 個

烤焙

180°C / 中上層 /13 分鐘

做法

1 蛋加糖打散，放置一陣子讓糖粒溶化。
2 加入融化奶油和醬油，攪拌一下。
3 加入麵粉和小蘇打，和成柔軟的麵團。
4 倒到烤盤布上，用手壓扁。
5 上面蓋一張烤盤布，擀到剛好鋪滿烤盤布。厚度要平均。
6 拿掉烤盤布。
7 用圓印模在麵片上輕輕印 20 個印痕（只是做記號）。
8 在每個印痕中間放幾粒花生仁或其它配料。
9 再把烤盤布蓋上去，輕輕用擀麵杖擀平，以便把花生仁壓進餅裡。
10 用印模印出 20 個圓餅，並把圓餅間的多餘麵團拿掉。
11 烤箱預熱至 180°C，放中上層烤 13 分鐘。如果顏色太淺可以繼續烤幾分鐘。
12 取下的麵團約有全部麵團的一半（350 克），同法擀平，印成餅。
13 二次取下的麵團再印幾個餅，和其它餅排在一起。
14 長方模的面積比圓模小，350 克麵團約可做 25 個餅。若沒有長方模，也可以用波浪滾輪刀切。當然兩盤都做成圓形或兩盤都做成長形也可以。

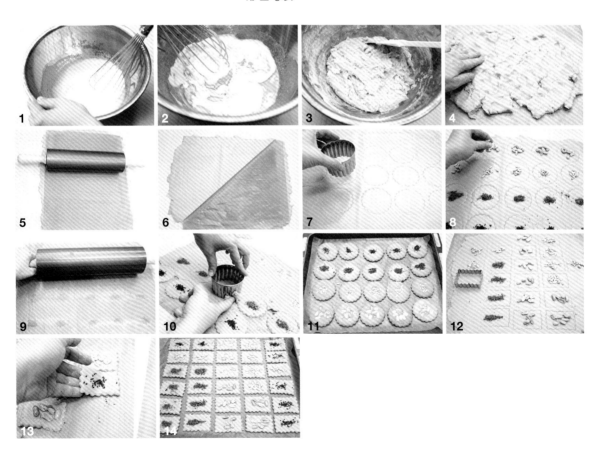

42 胡蘿蔔燕麥脆餅

● 成品重約 300 克

壓平切片或印出

材料

胡蘿蔔（淨重）····	65 克
黑砂糖·········	40 克
鹽 ··········	1/3 小匙
即食大燕麥片 ····	60 克
奶油（室溫軟化）··	60 克
低筋麵粉·······	150 克
無鋁發粉·····	1/4 小匙

特殊工具

7 公分圓印模 1 個

烤焙

180℃ / 中上層 / 9 分鐘

做法

1 把胡蘿蔔用食物處理機打碎，越碎越好。

2 加黑糖和鹽攪拌，放置幾分鐘就會出水。

3 加燕麥片拌一拌，放置幾分鐘讓燕麥片吸收水份。

4 加奶油，攪拌均勻。

5 麵粉和發粉一起篩入。

6 揉成麵團。

7 烤箱預熱到 180℃。

8 把麵團擀成和烤盤布差不多大，厚度要盡量平均。

9 用圓印模印出 20 個圓餅，多餘的麵團取下。因為有胡蘿蔔和燕麥顆粒，邊緣不會光滑，而會呈現自然的顆粒狀。

10 用小圓梳子在餅上刺小孔。

11 放入烤箱中上層烤 9 分鐘，熄火用餘熱烘 4~5 分鐘。往中間按一下就可確定是否烤得夠乾。

12 步驟 **9** 取下的麵團不必再做成圓餅，可以直接剝散，烤 6、7 分鐘即可，撒在牛奶上吃，是非常營養美味的早餐。

周老師特別提醒

● 這是美味的健康餅乾，沒有胡蘿蔔異味，燕麥片也為口感加分，連餅屑都好吃，一次可以多做一點，包裝好能保存很久。

● 如果有搾汁機，胡蘿蔔可以用搾的，但連渣也要用。奶油也可用植物油代替，但最好在油裡加入 1 小匙磨碎的卵磷脂。

● 用手工做圓形餅乾，一般都用叉子刺小孔，但這種小圓梳子非常方便，壓一下就好，孔洞又多又整齊，覺得梳齒太多還可以剪掉。

43 亮面椰子餅乾

● 成品重約 320 克

餅乾麵團

奶油（室溫軟化）‥ 60 克
細白砂糖‥‥‥‥ 60 克
鹽‥‥‥‥‥ 1/4 小匙
牛奶‥‥‥‥‥ 50 克
椰子粉‥‥‥‥ 30 克
低筋麵粉‥‥‥ 150 克
無鋁發粉‥‥ 1/3 小匙

透明糖霜

細白砂糖‥‥‥‥ 30 克
水‥‥‥‥‥‥ 15 克
檸檬汁‥‥‥ 1/3 小匙

烤黃的椰子粉‥‥ 少許

特殊工具

4.5×6.5 公分長方印模 1 個

烤焙

180℃ / 中上層 / 10 分鐘
180℃ / 中上層 / 2~3 分鐘

做法

1 將奶油加糖、鹽攪打一下。

2 把牛奶和椰子粉加入，拌一下。

3 把麵粉和發粉一起篩入，拌成柔軟的麵團，不要過度攪拌。

4 烤箱預熱到 180℃。趁預熱時把少許椰子粉烤到淺棕色，取出備用。

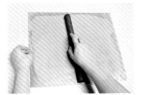

5 把麵團放在烤盤布上，再蓋片烤盤布，用擀麵杖擀壓到幾乎佈滿烤盤布。

6 拿掉上片烤盤布，用印模壓出長方形餅乾。

7 用筷子把多餘的麵團撥掉。碎麵團可以合在一起再做幾片餅乾。

8 用刺滾輪刺洞。

9 放入烤箱中上層，烤約 10 分鐘。

10 周圍的餅乾會先著色，立刻熄火，用餘熱讓餅乾上色均勻一點。

11 把糖、水和檸檬汁用小火煮沸，或微波到沸騰，要確定糖有融化。

12 刷在烤好的餅乾上。

13 撒些烤過的椰子粉。

14 回爐用 180℃再烤 2~3 分鐘，烤到糖漿半乾即可。

周老師特別提醒

糖漿裡加檸檬汁，是為了避免反砂；糖漿若反砂，刷在餅乾上或烤乾時會有糖粒結晶出來，顯得白汪汪的，就像麻花上的糖霜，這樣餅乾表面就不晶亮了。

壓平切片或印出

44 硬脆餅乾棒 ● 成品重約 130 克

周老師特別提醒
若不加小蘇打,成品會更加硬脆,也
別有風味。如果沒有壓麵機,用擀麵
杖擀平,再用輪刀切條即可。不過這
種細餅乾棒,只有用機器製做烤焙才
能保持直線,手工做一定會微彎,也
很難像做香蔥餅乾棒一樣用烤盤紙維
持其筆直。

材料

水	40 克
細白砂糖	20 克
鹽	1/8 小匙
植物油	12 克
低筋麵粉	110 克
小蘇打	1/8 小匙
乾麵粉	少許

烤焙

180℃ / 上層 / 12 分鐘

做法

1 水、糖、鹽、油放入小盆中，低筋麵粉和小蘇打一起篩入，攪拌一下。

2 用手揉成團，放著醒 5 分鐘。

3 烤箱預熱到 180℃。烤盤抹點油。

4 用壓麵機把麵團壓成整齊的長方片，用最厚的刻度壓，不必壓薄。

5 撒點乾粉，切成寬麵條。切出時要一手托出麵條，以免疊在一起分不開。

6 輕輕把麵條一一分開，不要用力而拉長。

7 把麵條扭轉幾下，排在烤盤上，同時拉成和烤盤一樣長，約 39 公分，不要拉過長。

8 用輪刀或小刀切成 3 段。

9 如果有時間，可以一一搓成細棒，長度約 16 公分。

10 搓過比較細，要排在烤盤中間，這樣火候才易平均。

11 放入烤箱上層烤 12 分鐘，或烤到部份開始上色，熄火再燜 10 分鐘使上色平均。

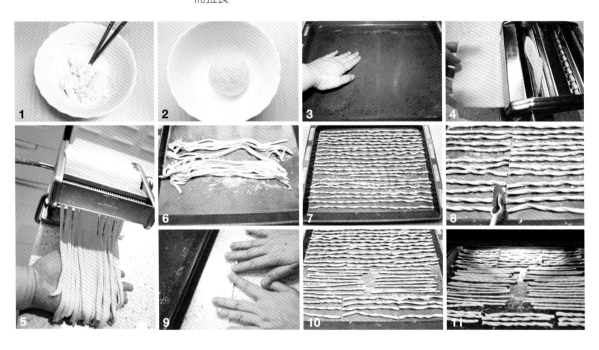

變化：巧克力餅乾棒

做法

1 把巧克力約 200 克隔水加熱到融化，倒適量到較高的杯子裡。

2 把餅乾棒分幾次浸到巧克力裡。要確定每支都浸到。

3 取出，讓多餘的巧克力盡量滴落。

4 一一排放在烤盤布上，放置到巧克力凝結即可。

周老師特別提醒

巧克力量不能太少，不然很難沾。沾剩的巧克力可以回收供以後使用。

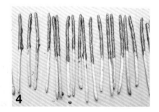

壓平切條

周老師特別提醒

- 我用的平盤是 25×35 公分的糖果盤,所以每根洋芋棒的長度是 12.5 公分。若沒有合用的平盤,直接在烤盤布上擀平也可以,先把邊緣不整齊的地方切掉,再切成細條。

- 洋芋粉又叫馬鈴薯粉,或稱即食馬鈴薯粉(instant mashed potatoes),是馬鈴薯烘乾後磨成的粉,顏色帶點灰黃,不是馬鈴薯澱粉,馬鈴薯澱粉是太白粉的一種。

- 洋芋粉做的餅乾棒,口感香脆中帶有薯條的咬感,又加了起司粉,相當鮮美可口。起司粉是撒在義麵上的鹹味巴馬乾酪(Parmesan cheese)。如果不加起司粉,就要另加 1/3 小匙鹽。黑胡椒也可以用綠蔥粉、咖哩粉、辣椒粉代替,麵團裡也可以加一些芝麻,隨意創作出自己喜歡的鹹味零食。

- 烤焙的溫度和時間請自行調整,因為是手工切的,大小不同,就需要不同的烤溫和時間。

45 洋芋棒

● 成品重約 570 克

材料

蛋 ‥‥‥‥‥‥ 3 個	起司粉 ‥‥‥‥‥ 2 大匙
細白砂糖 ‥‥‥ 75 克	低筋麵粉 ‥‥‥ 120 克
融化奶油 ‥‥‥ 75 克	洋芋粉 ‥‥‥‥ 200 克
粗粒黑胡椒粉 ‥‥‥適量	

烤焙

175℃ / 上層 / 10 分鐘

做法

1 蛋加糖和融化的奶油。

2 一起用力攪拌均勻。

3 加黑胡椒粉和起司粉攪一下。

4 加麵粉和洋芋粉。

5 拌一拌，用手揉成結實的麵團。

6 放入平盤，用手壓實。

7 用擀麵杖擀平。

8 如果表面太乾，可以噴點水霧。

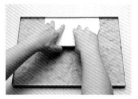

9 邊緣用刮板壓平。

10 邊緣割開，用手剝開，再倒扣在烤盤布上。

11 切成兩半，再切成寬0.5~0.8 公分的細長條。用輪刀或刮板都可以，輪刀比較利，刮板可以順手推開。

12 邊切邊推到旁邊，讓每條之間都有適當間隔。全部材料剛好排滿兩烤盤。

13 如果有不整齊或斷裂的，加點水再揉成團，再壓平再切條。

14 烤箱預熱至 175℃，放在最上層烤約 10分鐘，再用餘熱烘3~5 分鐘，直到著色，尤其兩端可能已經微有焦色。

壓平切條

46 香蔥餅乾棒 ● 成品重約 190 克

餅乾材料

綠蔥花	20 克
水	40 克
細白砂糖	25 克
鹽	1/2 小匙
黑、白胡椒粉	少許
奶油	25 克
炒香白芝麻	20 克
低筋麵粉	135 克
無鋁發粉	1/4 小匙

烤焙

190℃ / 中上層 / 12 分鐘

做法

1 把蔥花加水打碎。

2 加其下的調味料和配料，攪拌一下。

3 把麵粉和發粉一起篩入，攪拌一下，用手揉成軟硬適中的麵團。

4 擀成約 1 公分厚的長方片。

5 用尺和輪刀切成約 28 條。

6 把烤盤紙裁成 20 公分寬，放在烤架的格子上壓凹。

7 把切條的麵團一一搓成鉛筆般粗細，喜歡的話還可以扭轉幾下。

8 若超過 16 公分就切掉，這樣每條約重 8.5 克。所有切下的麵團可再合搓成 2 條餅乾棒。

9 一一排在烤盤紙上的凹處。放置鬆弛 10 分鐘。

10 烤箱預熱到 185℃，放在中上層烤 12 分鐘，或烤到開始上色，熄火再燜 5 分鐘使上色平均。

周老師特別提醒

● 這個配方的油糖量比市售品少，表面沒有刷蛋水，也沒有撒鹽，所以拿著不沾手，是可以放心給小朋友吃的健康零食。（若是喜歡像市售品般表面油亮、鹹味明顯，當然可以刷點蛋水，撒點細鹽再烤。）

● 蔥可以用其它香辛蔬菜代替，如香菜、巴西利等；除了黑胡椒、白胡椒外，也可以用辣椒粉、咖哩粉等做出不同的味道。

● 把烤盤紙在烤架上壓出一道道凹痕，這樣可以烤出直直的餅乾棒，烤盤紙可以反覆利用；如果嫌麻煩，把餅乾棒排放在平烤盤上烤也可以，只是可能有些彎曲。

壓平切條

47 香草牛奶餅乾

● 成品重約 160 克

材料

奶油（室溫軟化）……	35 克
糖粉 ……………	30 克
鹽 ……………	1/6 小匙
香草莢 ……………	半根
低筋麵粉 ………	100 克
無鋁發粉 ………	1/4 小匙
奶水 ……………	45 克
乾麵粉 ……………	少許

特殊工具
塑膠果凍杯 1 個

烤焙
180℃ / 中上層 / 6 分鐘

分割再壓扁

做法
1 奶油、糖粉、鹽、香草籽一起放在盆裡。
2 攪打均勻，要讓香草籽完全散開。
3 把麵粉和發粉一起篩入，奶水也加入。
4 拌和成柔軟的麵團。
5 分成 35 個，1 個約 6 克，排在烤盤布上。
6 稍揉圓，動作要又輕又快。
7 墊 1 小張烤盤紙，用平底瓶蓋或杯子將之壓扁。
8 手指沾乾麵粉抹在餅上。
9 用果凍杯壓出花紋，餅的直徑壓到 5 公分。厚薄要盡量平均。
10 可用吹風機把太多的乾麵粉吹掉，但不吹掉也沒什麼影響。
11 烤箱預熱到 180℃，放在中上層烤 6 分鐘，熄火再燜 5~10 分鐘，直到全部烤成淺黃色。

周老師特別提醒
● 這是最基本的薄片餅乾，香醇清甜的味道歷久彌新，不過香草莢很昂貴，市售的香草牛奶餅乾都是添加人工香草精和牛奶香精，味道比天然的還濃。
● 奶水指罐頭奶水，濃度是牛奶的 2 倍，如果沒有奶水而用牛奶代替，奶香味稍淡一些。塑膠果凍杯可以用任何工具代替，只要能印出喜歡的花紋即可。

▓48▓ 老街芝麻脆餅

• 成品重約 380 克

材料

水 ⋯⋯⋯⋯⋯80 克
細白砂糖⋯⋯⋯⋯50 克
鹽 ⋯⋯⋯⋯⋯1/4 小匙
植物油⋯⋯⋯⋯⋯55 克

中筋麵粉⋯⋯⋯ 210 克
小蘇打⋯⋯⋯⋯1/4 小匙
炒香白芝麻 ⋯⋯30 克

炒香白芝麻 ⋯⋯⋯80 克

烤焙

190℃ / 中上層 / 15 分鐘

做法

1 把前 4 種材料一一放入盆中，攪拌一下。

2 把麵粉和小蘇打一起篩入，攪拌，再加入 30 克芝麻。

3 用手揉成柔軟的麵團，不必揉到光滑。

4 搓成長條，用手招成小球，每個約 10 克，約可分成 42 個。

5 把 80 克芝麻放在大平盤上，把小球放在芝麻上壓扁，直徑將近 5 公分，烤後會縮小一點。

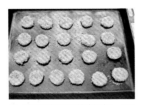

6 兩面都沾滿芝麻。要壓到中間比較凹，而不是把邊緣壓薄，中間厚厚的。

7 烤箱預熱至 190℃，放中上層烤 15 分鐘，熄火再用餘熱烘 5 分鐘，才能從裡到外都酥脆。

8 出爐，把烤盤輕敲一下，把沒黏住的芝麻震落。

周老師特別提醒

• 步驟 **4** 招出的小球總會有些裂縫，步驟 **5** 應把有裂縫處朝上或朝下放，再壓扁，如果朝邊緣放再壓扁，就會像右邊這個餅一樣呈破裂狀。

• 這是很老牌的中式餅乾，又稱芝麻薄脆，但與現在所謂的「薄脆」不同，我在名字上加「老街」二字，以別於西式的芝麻餅乾。

• 除了直接吃以外，它也是點心材料，例如接近失傳的「薄脆元宵」，就是把芝麻脆餅壓碎調糖水為餡，餡裡面還包著一點冰肉（糖醃的豬板油）。

• 若用奶油或白油代替植物油做芝麻餅，口感更酥；但是用植物油硬脆的口感越嚼越香，有其特色。

• 烤後回收的芝麻因為已經烘烤兩次，不宜再做烘烤之用，可以直接撒在米飯菜餚上，或者加點水打成芝麻醬來拌麵，非常美味。

分割再壓扁

49 巧克力夾心餅乾 ● 成品重約 260 克

奶油夾心材料

材料

無水奶油⋯⋯⋯ 40 克
糖粉 ⋯⋯⋯⋯ 40 克
天然香草⋯⋯⋯少許

做法

1 把全部材料放在中碗裡，用力攪
  打到發白。
2 裝在擠花袋裡，袋口剪洞。
3 平均擠在半數的餅上。

4 用另一塊餅夾起來，輕壓一下。
5 冷藏到夾心凝固就可以食用。不
  冷藏也一樣美味，只是夾心會軟
  軟的。

餅乾材料

奶油（室溫軟化）‥30 克
糖粉‥‥‥‥‥‥‥45 克
鹽‥‥‥‥‥‥1/8 小匙
牛奶‥‥‥‥‥‥‥30 克
低筋麵粉‥‥‥‥‥85 克
可可粉‥‥‥‥‥‥10 克
小蘇打‥‥‥‥1/8 小匙

可可粉‥‥‥‥‥‥少許

特殊工具

小月餅印模 1 套

烤焙

180℃ / 中上層 /8 分鐘

做法

1 把奶油加糖粉、鹽攪拌均勻。

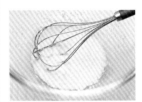

2 加牛奶攪拌，有分離現象也無妨。

3 把麵粉、可可粉、小蘇打一起篩入，拌和成柔軟的麵團。

4 分成 30 個，1 個約 6.5 克，排在烤盤上。

5 墊 1 小張烤盤紙，用平底杯子簡單壓扁。

6 把少許可可粉過篩放在一旁，用手指沾著，平均抹在餅上。

7 月餅印模一定要乾燥。將之罩在餅上，下壓幾次，拿起後見花紋完整即可，否則可以重壓。

8 烤箱預熱到 180℃，放在中上層烤約 8 分鐘，熄火再燜 5 分鐘。用手輕按，應該略有彈性但不柔軟。出爐放涼。

周老師特別提醒

- 這種直徑 5 公分的小月餅印模，做月餅的效果雖然不如木刻月餅模，但便宜又容易保養，相當受歡迎。用它來壓餅乾花紋也很好看，也不困難，只要多試幾次就能壓的漂亮。

- 不過餅乾麵糊比月餅皮更溼黏一點，必需用乾粉防黏，沒沾到乾粉的麵團會黏在模裡，就得重來，模子還得用牙籤清理乾淨，很麻煩。

- 如果像做一般點心一樣用麵粉防黏，之後乾粉不太容易去除，會留在烤好的餅乾表面，明顯的就像這樣右圖。若不介意即可，不然還是用可可粉防黏，效果相同，只是會增加可可苦味。

- 市售餅乾的夾心都是白油或棕櫚油做的，硬度夠，顏色又白，效果真的比較好，即使天氣熱也不會軟化而使餅乾分離。

- 雖然家庭烘焙注重健康，不喜歡用白油和棕櫚油，但偶而少量使用也無大礙，畢竟所有的食材都有其缺點。但是白油沒有香味，無水奶油的油味稍重，最好都不要省略香草。

分割再壓扁

50 蘇打餅乾

● 成品重約 360 克

材料

快發乾酵母 ····· 1 小匙	乾麵粉 ·········· 適量
水 ··········· 135 克	鹽 ············· 少許
中筋麵粉 ······· 300 克	
細白砂糖 ······· 30 克	
鹽 ·········· 1/4 小匙	
奶油(室溫軟化)· 50 克	

烤焙

220℃ / 中層 / 5 + 5 分鐘

做法

1 把酵母撒在水上。

2 加麵粉、糖、鹽，攪拌一下。

3 加奶油，攪拌成團。

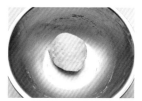

4 揉成軟硬適中的麵團。

壓平切片

周老師特別提醒
一般以為蘇打餅乾能夠中空膨脹是小蘇打的作用，這是誤解。小蘇打對蘇打餅乾的影響，頂多是使其略偏鹼性而已，如果喜歡，可以取 1/8 小匙混在麵粉裡一起加入。

蘇打餅乾

蕃茄蘇打

5 蓋好放在溫暖處基本發酵 2 小時，會變得溼軟一點，微帶酒香。

6 分成 3 份，每份約 175 克。

周老師特別提醒

麵團分成 3 份，第一盤只用 2 份；第 3 份和所有切剩的碎麵團做成第二盤餅乾，所以這份材料共可做出 40 片餅乾，會剩下一些碎麵片。

7 把 1 份撲點乾麵粉，壓扁，用壓麵機反覆壓成整齊的長方片。如果覺得黏就再撲乾麵粉。

8 從刻度 1 壓到刻度 4，麵片寬 15 公分，厚如水餃皮。如果沒有壓麵機就用手擀，但一定要夠薄。

9 鋪在烤盤布上。麵片很軟，不要拉扯到變細變長，要用捧起、輕放的動作保持麵片的寬度。

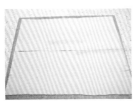

10 再做一麵片，也鋪在烤盤布上，把兩端超過烤盤布的麵片切掉。放在溫暖處鬆弛 15 分鐘，同時最後發酵。

11 烤箱預熱至 220℃，把一個烤盤放在中層一起預熱。

12 用尺和輪刀把麵片切成 7.5 公分的正方形，共可切 20 片。

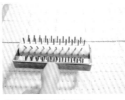

13 用針車輪刺洞。

14 噴點水霧。

15 撒少許鹽粒。

16 把烤盤布拿起，放在烤箱裡的熱烤盤上。

17 烤約 5 分鐘，餅乾應該會鼓起，而且開始上色。

18 把火力關掉，讓餅乾繼續烤 5 分鐘。熄火後箱內溫度不會馬上降低，餅仍然會繼續上色，所以要注意看著，如果顏色有過深的可能，就要把烤箱門打開散熱。

要烤出中空而薄脆的美味蘇打餅乾，必需做到以下幾點：

1 基本發酵要足夠但不過頭，使麵團具有良好的產氣能力。

2 麵片一定要夠薄，但不能薄到像餛飩皮似的。麵片厚度很難測量，總之，用這份材料能切出 40 片 7.5 平方公分的餅乾，剩餘麵團不多，厚度就是正確的。

3 烤箱一定要預熱到 220℃，烤盤也要預熱，才能讓麵片上下很快受熱凝結，使氣體不能逸出，聚集在中間而將麵片撐開。

壓平切片

51 蕃茄蘇打

● 成品重約 360 克

材料

快發乾酵母	1 小匙
蕃茄汁	140 克
中筋麵粉	300 克
細白砂糖	30 克
鹽	1/4 小匙
奶油（室溫軟化）	50 克
乾燥巴西利葉	少許
乾麵粉	適量
鹽	少許

烤焙

220℃ / 中層 / 5+5 分鐘

做法

1 用蕃茄汁代替水和麵，市售蕃茄汁或自己搾汁皆可。
2 麵團揉法和蘇打餅乾一樣。
3 麵團壓到中途，撒些乾燥巴西利葉，疊起再壓。
4 麵片裡會夾著少許巴西利。
5 依法製做和烤焙。

周老師特別提醒

● 若沒有巴西利或不喜歡，也可以用其它香草，如芫荽、蘿勒等，把新鮮的剁碎加入也可以，只是麵團會稍溼一點。

● 麵片壓好，在切割之前，要有 15 分鐘的鬆弛時間。麵片如果未經鬆弛，一割開就會收縮變小，如下圖右下的幾片。

● 在用輪刀切割時可以故意不用力切，讓每片微微相連，也可防止餅乾縮小；烤好後一剝就開，不用擔心黏在一起。

● 在剝開餅乾時可以明顯感覺到是否夠脆。蘇打餅乾因為必需用很強的火力才能烤到中空膨脹，所以常因為怕烤焦而急著出爐，涼了以後才發現餅還有點軟，尤其沒有網狀烤盤時更是如此，這時可以把所有餅乾排在烤架上，再入爐用 180℃烘 1~2 分鐘。

壓平切片

52 香蔥紫菜蘇打

 ● 成品重約 360 克

材料

蘇打餅乾材料 ····· 1 份

蔥花 ············· 40 克
乾紫菜 ··········· 4 克

烤焙

220℃ / 中層 /
5 + 5 分鐘

做法

1 麵團做法和蘇打餅乾
一樣，直到步驟 12)，
一盤麵片切成 20 片
餅乾。

2 把蔥花和撕碎的乾紫
菜一起，或分開用食
物調理機打碎。

3 把半量抹在一盤餅乾
上，拍一拍，盡量抹
平均且讓蔥花和紫菜
黏在餅上。

4 依法刺洞撒鹽。烤箱
和烤盤依法預熱。

5 烤約 5 分鐘，餅同
樣會鼓起而且開始上
色，接著熄火烘烤。

壓平切片

53 健康蘇打

● 成品重約 230 克

壓平切片

材料

快發乾酵母‥ 2/3 小匙
水 ‥‥‥‥‥‥ 100 克
全麥高筋麵粉 ‥‥ 60 克
低筋麵粉‥‥‥‥ 140 克

細白砂糖‥‥‥‥‥ 15 克
鹽 ‥‥‥‥‥‥ 1/3 小匙
植物油‥‥‥‥‥‥ 20 克

烤焙

220℃ / 中層 / 6 分鐘

做法

1 麵團揉製法和蘇打餅
乾相同。蓋好放在溫
暖處基本發酵2小時。

2 分成2份，把一份放
在烤盤布上，擀成比
烤盤布略小，厚薄要
盡量平均。放著鬆弛
15 分鐘。

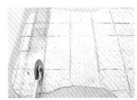

3 切成6公分的正方片。

4 邊緣麵團可收集再擀
開，再做幾片。用針
車輪刺洞。

5 放在溫暖處最後發酵
30 分鐘。

6 烤箱預熱至220℃，
放在中層烤約6分鐘，
再用餘熱烘到均勻上
色即可。

周老師特別提醒

● 健康蘇打含糖油量少，也不注重中空膨脹的效果，所以會比較硬脆，一定要擀得
薄，否則會更硬。

● 用手把麵團擀薄，要非常注意是否均勻，只要厚薄有
差異，烤出來火候就不會平均，薄的區域一定比厚的
區域焦（如右圖）。

● 一般發酵麵食基本發酵的溫度是28℃，最後發酵的
溫度是38℃，但是沒有發酵箱很難精確控制，所以
也不用完全遵照時間，只要發到用手輕按麵團，明顯比發酵前虛軟，就可以了。

關於網狀烤盤

用家用烤盤烤薄片餅乾，
常會覺得「只有半片」，意
即正面平整或微凸，很美
觀，反面卻內凹。這是因
為餅乾底部貼在烤盤上，
水氣無法快速散發，才把
餅乾撐起而彎曲。

若是常常烤薄片餅乾，可
以向烘焙材料行訂製網狀
烤盤，並不非常昂貴，而
且很實用，除了薄片餅乾
外也可以烤其它食物。下
圖是用網狀烤盤烤出的
蘇打餅乾，烤盤不用先預
熱，可以看出兩面都是膨
脹的。

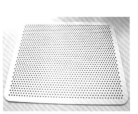

54 胡椒蔥餅 ● 成品重約 370 克

發麵

快發乾酵母	半小匙
水	55 克
中筋麵粉	200 克
細白砂糖	30 克
鹽	半小匙
豬油	60 克

油酥

低筋麵粉	48 克
豬油	24 克

白芝麻	適量

餡

蔥花	150 克
糖	半大匙
鹽	1/3 小匙
黑、白胡椒粉	各半小匙
五香粉	少許

烤焙

200℃ / 中層 / 18 分鐘

做法

1 把發麵材料一樣一樣加入盆中，加一樣攪拌一樣，最後加豬油。
2 攪拌一下，揉成偏硬的麵團。
3 把低筋麵粉和豬油攪拌成油酥。
4 把發麵擀成大方片。
5 把油酥撒在上面，用手抹開。
6 捲起來，稍壓扁。
7 撒滿芝麻。
8 擀到 70 公分長，寬約 15 公分。
9 把蔥花加調味料拌勻。
10 平均抹在麵皮中間（沒有芝麻的那面）。
11 兩邊往中間包，壓一下。
12 切成 20 塊。
13 排在鋪了烤盤布的烤盤上。
14 烤箱預熱到 200℃，把餅放中層烤約 18 分鐘。
15 熄火，用餘溫繼續烘到焦黃香脆為止。

周老師特別提醒

● 這是鹹香辣的燒餅式餅乾，若不喜歡豬油，可以改用植物油，也可以不包油酥，只是酥性差一點點。
● 蔥洗淨後要晾乾再切，以免夾帶太多水份；市售品的餡裡還有味精，讀者可以自行選擇要不要加。

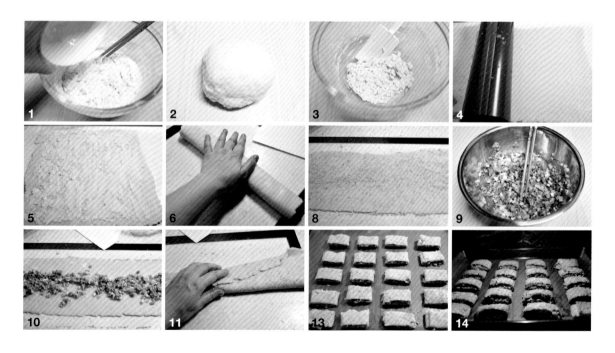

90

55 口袋小餅

● 成品重約 120 克

材料

快發乾酵母 … 1/3 小匙　　細白砂糖 … 10 克
牛奶 … 50 克　　鹽 … 1/8 小匙
中筋麵粉 … 100 克　　奶油（室溫軟化） … 15 克

烤焙

220℃ / 中層 / 3~4 分鐘

做法

1 麵團做法和蘇打餅乾一樣，但不必分成 3 份，一直做到步驟 **8** 麵片壓好。

2 用輪刀切成 3 公分正方片。

3 排在網狀烤盤裡上（圖中是網狀披薩烤盤）。

4 烤箱預熱至 220℃，把餅放在中層烤 2~3 分鐘，就會膨脹成中空狀，表面也略上色。

5 再烤 1~2 分鐘，表面呈金黃色即可熄火，用餘熱烘到用手輕壓覺得又乾又脆。要不時注意，即使是餘熱也可能把餅烤焦。

周老師特別提醒

● 如果沒有網狀烤盤，就和做蘇打餅乾一樣，把小餅排在烤盤布上。烤箱預熱時把烤盤一起預熱，再把烤盤布移到熱烤盤上烤。

● 要注意這點，小餅才會膨脹到完全中空，不過每盤會有少數小餅不膨脹或膨脹不良，例如中間有接痕的餅。

膨脹

中空

不膨脹

56
巧克力口袋小餅

材料與烤焙同口袋小餅

做法

1 在切割好的正方片上，用小毛筆沾可可粉加水調成的濃汁，畫小熊圖樣。

2 依法烤到金黃色，先不用烘乾，取出，用尖錐在背面刺洞。

3 洞的大小要能讓不裝針頭的注射針筒插入為準。

4 再放回烤箱中層，用100℃低溫烘到又乾又脆。

5 把牛奶巧克力隔水加溫到融化（1個小餅約需5.5克），拿針筒吸滿巧克力。

6 注入小餅裡。

7 裝滿時可以感覺到巧克力像要反湧上來，就停止注入。

8 密封靜置數小時，等巧克力凝結再食用。

周老師特別提醒

● 雖然市面上有很多可愛的小熊印章，但刻痕都太淺，而圖樣太複雜，蓋在餅上似乎不太清楚，所以這裡我是用手繪的。

● 畫小熊只是好玩，與口味無關，畫幾隻就可以了，這份材料一次可做約70個小餅，全部畫小熊太花時間。

● 用注射針筒灌巧克力餡，便宜方便又衛生，之後用溫水即可洗淨。注射針筒可在藥房購買。其實口袋小餅只要烘得脆就非常美味，微帶鹹味和奶香，不用灌入巧克力也好吃。

57 蝴蝶脆餅

● 成品重約 200 克

材料

溫水 ·········· 100 克
快發乾酵母 ···· 半小匙
中筋麵粉 ······· 180 克
細白砂糖 ······· 10 克

鹽 ··········· 1/4 小匙
奶油（室溫軟化）· 10 克

顆粒狀粗鹽 ·······少許

烤焙

220°C / 中上層 / 12 分鐘

做法

1 把前 5 項材料一一倒入盆中。用筷子攪拌成團。加入奶油攪拌。

2 用手揉 1 分鐘。蓋好，放置 10 分鐘。

3 再揉一下，就會顯得光滑。蓋好，放在溫暖處（28°C左右）基本發酵 1~1.5 小時。

4 明顯的脹大，就是發酵成功。

5 從盆中取出，切成幾份。搓成原子筆般粗細。用手指搓斷，每段約 4.5 克，約可搓出 64 段。

6 照順序排好。從最先搓出的一段做起；將之搓成吸管般細，兩頭尖，至少20公分長。

7 依圖示盤成蝴蝶餅形。

8 排在烤盤布上，排緊密一點，64 個可以一盤烤完。

9 在餅上噴水霧。撒些粗鹽粒。

10 烤箱預熱至 220°C。放入烤箱中上層烤約 12 分鐘，呈金褐色。如果顏色太淺，可用餘熱再烘幾分鐘。

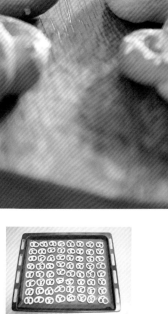

58 蜂蜜蔥椒脆餅

乾洋蔥碎可用洋蔥鹽代替，用量就不能太多以免太鹹。除了蜂蜜外，也可以用楓糖漿、黑糖蜜，或拿糖加水熬成濃稠的糖漿，只是蜂蜜容易取得又方便，味道也好。這兩種蜂蜜脆餅如果烘得夠乾也可以保存很久。

材料

無鹽蝴蝶脆餅	200 克	黑胡椒	少許
乾洋蔥碎	1 小匙	蜂蜜	40 克
鹽	1/4 小匙		

做法

1 依法烤好蝴蝶脆餅，但不撒粗鹽。
2 把乾洋蔥碎、鹽、黑胡椒、蜂蜜放在盆子裡備用。
3 把還溫熱的蝴蝶餅倒入，翻攪均勻。
4 倒回烤盤，鋪開，用 120℃烘乾 1 小時左右，中途要翻面一次。也可以用食物烘乾機烘。

59 蜂蜜山葵脆餅

同樣 200 克無鹽脆餅拌 40 克蜂蜜，再撒些山葵粉（俗稱芥茉粉）和極少量細鹽，喜歡的話還可以撒點炒香的白芝麻，一起拌勻，同法烘乾。

周老師特別提醒

● 這 Pretzels 樣式的小餅口感硬脆，不油不甜，很香很單純，與市售的油糖量多的種類不同；若是怕硬但不想做油糖多的配方，可把本配方的麵粉筋度降低、加些小蘇打、搓細一點、縮短烤焙時間，都有幫助。

● 粗鹽顆粒賦與這小餅獨特的個性，但為了健康，最好把大部份搓掉再吃。撒細鹽比較沒有風味，而且無法搓掉，只能撒一點點。

● 做步驟 5 時不用一個一個秤，只要秤一下手中麵團大約幾克，就知大約可分成幾段。如果做的太細膩太慢，第一個和最後一個的發酵程度會差很多，烤好一盤餅乾，從胖胖鬆鬆的到細細硬硬的都有，太不一致。

切條盤捲

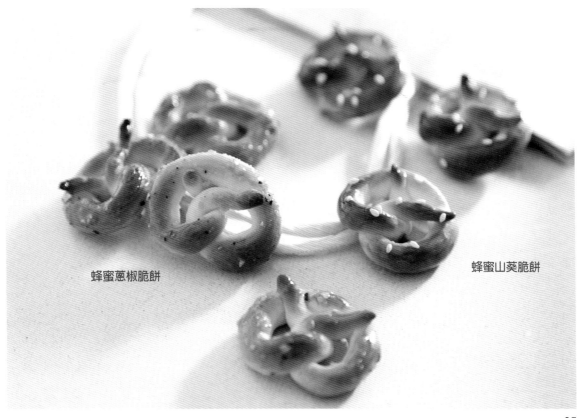

蜂蜜蔥椒脆餅

蜂蜜山葵脆餅

60

紫色山藥
甜甜圈

● 成品重約 330 克

材料

快發乾酵母	半小匙
水	1 大匙

紫色山藥	熟重 200 克
奶油	50 克
細白砂糖	50 克
鹽	1/4 小匙

高筋麵粉	80 克

特殊工具

直徑 6 公分圓環模子 20 個

烤焙

185℃ / 上層 / 9 分鐘

周老師特別提醒

● 這是以健康食材做成的非油
炸麵包式甜甜圈,必需趁熱
吃,香 Q 鬆軟。如果吃不
完,最好冷藏,之後可以蒸
熱再吃。

● 製做前先把紫色山藥去皮切
塊以中大火蒸熟,約需 20
分鐘,用筷子很容易刺入中
間就是熟了。蒸山藥、芋
頭或地瓜時需避免蒸汽水滴
入,最後麵團會太溼。

紫色山藥甜甜圈

黃色地瓜甜甜圈

綠色豌豆甜甜圈

做法

1 在模子裡塗點奶油以防黏。
2 把酵母撒在水上,攪拌一下,備用。
3 秤 200 克蒸熟的熱山藥在盆裡,加奶油、糖、鹽。
4 一起用擀麵杖搗成泥,或用食物處理機打成泥。
5 放到只剩微溫,把麵粉和酵母水一起倒入。
6 揉成軟硬適中又有彈性的麵團,至少要認真揉 3~5 分鐘。
7 分割成 20 個,每個約 19 克。搓圓,中間穿洞。放在模子裡。
8 放在溫暖潮溼的地方發酵 1 小時,直到看得出體積明顯變大。
9 烤箱預熱至 185℃,放上層烤 9 分鐘。試把一個倒扣出來,如果不能扣出,
   可能是底部未熟還有黏性,就再烤 1、2 分鐘。

連模烤焙

61 黃色地瓜甜甜圈 ●成品重約 330 克

材料

快發乾酵母	半小匙
水	1 大匙
地瓜	熟重 210 克
奶油	50 克
細白砂糖	40 克
鹽	1/4 小匙
高筋麵粉	80 克

做法

1 酵母依法泡水。地瓜蒸熟取肉 210 克。
2 其它做法和紫色甜甜圈相同，揉好黃色麵團。
3 除了放在模子裡烤以外，也可以用手做。
4 頭尾相連成圈形，排在烤盤上。
5 同法發酵、烤焙。

62 綠色豌豆甜甜圈

●成品重約 320 克

材料

快發乾酵母	半小匙
水	1 大匙
冷凍豌豆仁	100 克
水	45 克
奶油（室溫軟化）	50 克
細白砂糖	50 克
鹽	1/4 小匙
高筋麵粉	125 克

特殊工具

直徑 5 公分花圈形印模
1 個

烤焙

185℃ / 中層 / 8 分鐘

做法

1 酵母依法泡水。把豌豆仁解凍，加水打成泥。
2 全部材料加在一起，揉成有點溼黏的麵團。
3 刮到工作墊上，上下撒手粉，拍成 1 公分厚。
4 用印模印出來。排在烤盤布上。
5 剩下的麵團可集中再拍扁，再印成甜甜圈，或者搓成麻花形。共可做 30 個，每個 12.5 克。
6 把粉吹掉，放在溫暖潮溼的地方發酵半小時，直到看得出體積明顯變大。
7 烤箱預熱至 185℃，放中層烤 8 分鐘，盡量勿使表面著色。

周老師特別提醒

● 很多人喜歡甜甜圈表面沾砂糖，但這些彩色甜甜圈不是炸的，沒有油氣黏不住砂糖，可以在出爐後噴點水霧再沾砂糖，再回爐烤一下殺菌。變冷重蒸後，表面也會有溼氣，也可以沾些砂糖。

● 綠色甜甜圈因為麵粉比例高，所以發酵速度比紫色、黃色甜甜圈快。綠色甜甜圈也可以用模子烤，紫色、黃色甜甜圈也可以用印模成形。

● 紫山藥可以用紫色地瓜或芋頭代替；地瓜可用南瓜代替；豌豆仁可用毛豆仁代替，但是每種食材的含水量不同，需要視情況調整，如果最後揉成麵團太乾，就加點水，太溼，就加點高筋麵粉。

可可杏仁脆餅

椰子開心果脆餅

周老師特別提醒

- Biscotti 的做法特色是「烤兩次」，先把麵團烤到定了型，再切片烤到硬脆。

- Biscotti 原本是乾糧，應該要乾硬而且不加油脂以免酸敗；但加入粗鬆不吸水的杏仁粉和咬感最好的香草杏仁果，Biscotti 硬脆卻不會堅韌難嚼，搭配紅茶或咖啡都非常美味。如果希望更鬆脆一點，麵粉裡可以混入 1/4 小匙小蘇打。

- 除了杏仁果以外還可以加入腰果、開心果、榛果、松子、核桃等。（請注意杏仁粉和各種核果類本身就是油脂類食物）

- 第一次烤焙時放在中層，第二次要往上放一格，到中上層。這是因為第一次是厚條狀，第二次是 1 公分的片狀，越薄的東西要越偏上火烤，才能烤得上下火候均勻。

- 這三種配方的含糖量雖然相同，但可可脆餅的甜度稍低，椰子脆餅的甜度稍高；因為可可粉會抵消對甜味的感覺，而椰子粉本身略有甜味。

香草杏仁脆餅

63 椰子開心果脆餅 ●3 種成品分別約 580 克

椰子開心果脆餅材料

開心果仁	100 克	鹽	3/8 小匙
椰子粉	50 克	蛋	3 個
中筋麵粉	240 克		
細白砂糖	100 克		

64 香草杏仁脆餅

香草杏仁脆餅材料

整顆杏仁果	100 克	鹽	3/8 小匙
杏仁粉	50 克	蛋	3 個
中筋麵粉	240 克	天然香草	少許
細白砂糖	100 克		

65 可可杏仁脆餅

可可杏仁脆餅材料

整顆杏仁果	100 克	細白砂糖	100 克
杏仁粉	50 克	鹽	3/8 小匙
中筋麵粉	215 克	蛋	3 個
可可粉	25 克		

烤焙

175℃ / 中層 / 20~25 分鐘

175℃ / 中上層 / 15~20 分鐘

做法

1 把杏仁果用 175℃烤 15~20 分鐘，直到發出香味。

2 切成小碎塊，一個約切成 3、4 塊。

3 全部材料放入盆中。

4 攪拌成團。

5 用手拍成長條。稍有黏性是正常的，撒點手粉即可。

6 這是三種不同的口味，每種各半份。

7 放入烤箱中層，烤 20~25 分鐘。用刺針刺入中間，抽出不黏生糊即可。

8 等不燙手了，就用利刀斜切成片，厚約 1 公分。

9 排在烤盤上，硬或小片的排中間，軟或大片的排四邊，這樣才能平均烘乾。

10 放回烤箱中上層，再烤 15~20 分鐘，烘到硬又脆。如果想要更乾硬，熄火後可以留在烤箱裡，用餘熱繼續烘乾 5 分鐘。

硬脆餅乾

66 豬耳朵 • 成品重約 240 克

材料

水	80 克
白糖	30 克
鹽	1/6 小匙
奶油（室溫軟化）	20 克
中筋麵粉	200 克
可可粉	半小匙
炒香芝麻	半大匙（可省略）
乾麵粉	少許

特殊工具

金屬果凍杯至少 12 個

烤焙

200℃ / 中下層 /12 分鐘

做法

1 水加糖、鹽攪拌一下，再加奶油和麵粉大致揉在一起。

2 分成兩半，一半加可可粉揉成團；另一半加芝麻揉成團。

3 用壓麵機壓成光滑整齊的麵片。如果會黏，可撒少許乾麵粉。

4 把黑麵團疊在白麵團上，一起再壓一次。

5 切成兩半，噴點水霧。

6 兩條接連著緊緊捲起來，成為一個比較粗的捲子，直徑約 6 公分。包好，冷藏鬆弛 10 分鐘。

7 烤箱預熱至 200℃。在烤盤上排放果凍杯。

8 把麵團切薄片，越薄越好。

9 一片一片蓋在果凍杯上。放入烤箱中下層烤 12 分鐘，熄火，用餘熱再燜 5 分鐘。

10 冷卻後密封包裝，能久存不壞。

周老師特別提醒

● 豬耳朵是台灣傳統小餅乾，硬脆而香。不過傳統的豬耳朵黑色部份是用黑糖著色，不是用可可粉，我用可可粉只是因為它的顏色更明顯。沒有壓麵機可用擀麵杖做，只是比較費力。

● 豬耳朵用烤的比用炸的清爽健康，但形狀不容易圓凸好看，所以要用金屬果凍杯墊底去烤。

● 把麵團切片時，切的越厚，烤好就越硬，當然片數也會變少，這一份材料至少應該切成 24 片。

● 如果實在無法切薄，可以用擀麵杖把厚片擀薄，烤成更大片的豬耳朵。擀薄的豬耳朵比較不硬，小朋友比較容易吃，但請注意，擀薄了，烤焙時間也要隨之縮短。

硬脆餅乾

壓模餅乾
Crisp egg roll,
Gaufrettes,
Liege Waffle

壓模餅乾,是指用蛋捲模、法蘭酥模、鬆餅模等壓烤而成的餅狀點心。
如果沒有壓模而想做這些點心,有時是可能的,只是比較麻煩,例如用
平底鍋烤蛋捲——用湯匙把麵糊在鍋上抹成薄片,兩面烤熟,取出,用
筷子捲成蛋捲。

但是大部份壓模烤餅不能不用這些烤模,例如法蘭酥、一口小鬆餅等,
沒有法蘭酥模和鬆餅模,就烤不出那些美觀的外型;而威化薄餅的特殊
組織,非得靠蛋捲模同時對麵糊加熱、加壓、拉開才能形成。能做出這
些特殊的點心,將帶給製做者最多的樂趣與驕傲,可惜要體會這種心情
就非得購買這些壓模不可。

分類	成形法	內容包括
壓模餅乾	蛋捲模	各種蛋捲、幸運籤餅、各種威化餅、鮮蝦薄脆餅
	法蘭酥模	各種法蘭酥、白色法蘭酥
	鬆餅模	一口小鬆餅

67 芝麻蛋捲 DVD ● 成品重約 320 克

材料

蛋 ·················3 個
細白砂糖··········100 克
鹽 ···············1/4 小匙
融化奶油··········100 克
低筋麵粉··········120 克
炒香的黑芝麻·······2 大匙

特殊工具

蛋捲烤模 1 個

做法

1 蛋打糖、鹽打散。

2 加入融化奶油，快速攪拌均勻。

3 把麵粉篩入拌到九分勻。

4 加入黑芝麻輕輕拌勻，即是蛋捲麵糊。

5 把蛋捲模燒到兩面都很熱，稍放涼一點。

6 開中小火，舀 1 匙（約 20 克）麵糊到蛋捲模正中間。

7 蓋上，用乾布墊著，用力壓緊把手近圓模處，壓幾秒即可，這樣蛋捲才會薄。

8 大約 30 秒到 1 分鐘即可翻面，再烤 30 秒到 1 分鐘。

9 打開，有部份已呈微黃色即可，把圓管放在餅的一端，用小叉子之類的工具把餅挑起。

10 用手指輕輕把餅按在圓管上。

11 兩手按住圓管往前推，即可把餅捲起來。

12 放在一旁乾燥處，不到 10 秒就可以把圓管抽出。總共約可做 24 支。

13 蛋捲很容易吸潮，冷卻後要立刻包裝，不然很快就會失去酥脆性；不過用烤箱烘幾分鐘，甚至微波幾十秒，再放涼，就會恢復酥脆美味了。

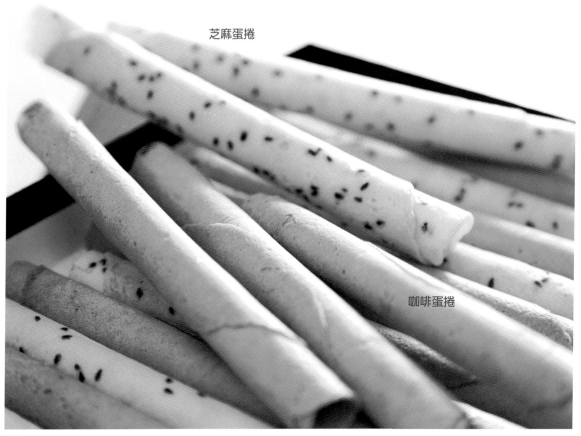

芝麻蛋捲

咖啡蛋捲

本配方若不加芝麻，就是基本蛋捲，兩者都極受歡迎。使用蛋捲烤模來做蛋捲並不困難，

但就像使用任何工具，需要練習，尤其要注意以下幾點：

1 烤模不用塗油，每次開始用之前，先把模子燒到過熱，放涼些，再使用，這樣就不會沾黏。

2 麵糊要用力壓才夠薄，光壓握柄還不夠，要壓柄根，就是靠近圓模的地方。這裡會燙，要墊著乾布來壓。用力壓可能會使麵糊破洞，這沒有關係。

3 每烤一個蛋捲只要翻面一次，不要一直翻，不但不容易確定火候，而且翻模是要費力的，翻久了肩膀手臂都會酸痛。

4 要及早確定火力和時間。放個計時器在一旁，調整看看什麼火力能在 1~2 分鐘內烤好蛋捲。如果火力確定了，每次都正反各烤 40 秒就剛好，那就一直照樣做下去，不但蛋捲越烤越漂亮，工作也越來越熟練輕鬆，甚至可以在中途做些清理收拾的事。

5 很多瓦斯爐火會歪一邊，使蛋捲一邊焦一邊白，這就要調整烤模擺放的位置來改善。

6 如果怕自己每次舀的麵糊份量差太多，可以先秤在匙裡，雖然麻煩，對初學者來說倒很有幫助。

68 咖啡蛋捲 ● 成品重約 320 克

材料

蛋	3 個
即溶咖啡	2 小匙
細白砂糖	100 克
鹽	1/4 小匙
融化奶油	100 克
低筋麵粉	120 克

做法

1 即溶咖啡加入蛋中一起攪拌，其它做法與芝麻蛋捲相同。

2 若即溶咖啡顆粒大，到開始烤時都沒有完全融化也無妨，會形成自然的花紋，正好可以標示其口味。

---

69 椰子蛋捲 ● 成品重約 320 克

材料

蛋	3 個
細白砂糖	90 克
鹽	1/4 小匙
融化奶油	100 克
低筋麵粉	100 克
椰漿粉	30 克
椰子粉	2 大匙

做法

麵糊攪拌法和芝麻蛋捲相同。椰漿粉富有椰子香氣，椰子粉形成顆粒口感，所以兩樣都用，如果只有一種，就多放一些。

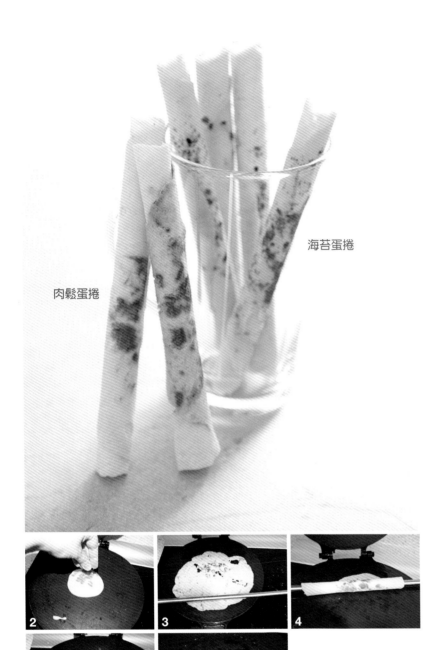

肉鬆蛋捲

海苔蛋捲

70 肉鬆蛋捲
71 海苔蛋捲

● 成品重約 320 克

材料

蛋	3 個
細白砂糖	100 克
鹽	1/4 小匙
融化奶油	100 克
低筋麵粉	120 克

肉鬆或綠海苔粉 ⋯⋯⋯ 少許

做法

1 麵糊攪拌法和芝麻蛋捲相同。

2 淋下麵糊後，捏一些肉鬆用手指搓散，撒在麵糊離自己較遠的一端。

3 同法壓烤。

4 捲起，讓肉鬆顯露在外面。

5 海苔口味則撒海苔末。

6 同法捲起，讓海苔顯露在外面。

蛋捲模

周老師特別提醒

● 無論如何，一開始烤總會出點問題，最常見是火候不均；烤焦是最糟的（如圖上方），色澤不同也很難免（如圖中、下），只要別差太多，就不會影響蛋捲的酥脆美味。

● 即使麵糊份量相同，常因為初學者捲的力道不穩定，難免有粗有細，幸好這不會影響味道。

72 幸運籤餅　● 成品重約 150 克

材料

蛋白·大的 2 個（80 克）　　低筋麵粉‥‥‥‥ 66 克
細白砂糖‥‥‥‥ 33 克　　奶粉‥‥‥‥‥ 10 克
鹽‥‥‥‥‥ 1/8 小匙　　融化奶油‥‥‥‥ 20 克

做法

1 先在一些 2 公分寬，7、8 公分長的薄紙條上寫幸運籤詩。

2 所有的材料依序加入盆中攪拌均勻即是麵糊。麵粉、奶粉要過篩再加入。

3 蛋捲模兩面都燒到很熱，再把爐火調小。

4 在爐旁放個硬質的方盒子和一個小杯子備用。戴上薄手套。

5 淋一小匙麵糊在蛋捲烤模正中間，大約 7、8 克，體積約像荔枝般大小。

6 蓋上，壓一下，烤 10 秒，翻面。

7 默數約 30 秒即可打開，兩面應該都呈金黃色，用小工具把餅挑起。

8 放一張籤詩在中間。

9 輕輕拿住兩端，讓上面保持張開。

10 放在方盒子邊上，兩端往下壓，上面就會合起來。

11 拿起，把兩端對齊。

12 放在小杯子裡使其冷卻固定。涼後盡快密封，以免失去脆度。

周老師特別提醒

● 這份麵糊應該可以做 27、28 個籤餅，不過烤籤餅、做籤餅需要練習，第一份麵糊可能沒幾個成功的，幸好外表不完美的籤餅仍然非常香脆美味。

● 如果增加這個配方的糖量和油量，就接近捲心酥，烤好摺彎時比較不會裂開，也硬化的慢，容易操做，但是餅比較薄，包裝運送時容易破裂，不能當做禮物送給朋友。

白色威化餅 ●成品重約 120 克

材料

太白粉	100 克
冷水	100 克
滾水	100 克

做法

1. 把太白粉放盆中,加冷水攪拌均勻。
2. 把滾水沖入,立刻攪拌。
3. 應該成為黏稠的半熟粉糊。
4. 把蛋捲模燒到兩面都很熱,調成中小火。
5. 舀 1 小匙粉糊在蛋捲模中間,大約 10 克。
6. 蓋上,墊著乾布用力壓蛋捲模柄處幾秒鐘,應該會發出蒸汽衝出的響聲。
7. 烤半分鐘,翻面再烤半分鐘。
8. 用手輕堆,餅就可移動,將之平轉 180 ,蓋好再烤半分鐘。這是因為靠手柄處常常烤的不夠熟,用手輕觸即知,還有點軟就是不夠熟,必需將之轉到對面再烤一下,才會徹底酥脆。
9. 剛烤好的餅要放在架上冷卻,不要貼在平面上使水氣無法散去。

蛋捲模

周老師特別提醒

● 威化是 wafer 的譯音,其中這種白色輕盈的威化餅,組織類似保麗龍泡棉,一般都是用機器製做,我經過幾年的試驗才找出家庭自製的方法。

● 雖然做法像個謎,但材料竟然只有太白粉,堪稱是最簡單的餅乾,而且即使沒有油脂,沒有甜鹹味道,也很香脆可口,是麩質不耐者和低油飲食者的福音。太白粉有馬鈴薯粉及樹薯粉兩種,都可以用來做威化餅。

在做法上要注意的有 3 點:

1. 天氣很冷時,調粉糊的冷水需改成 90~80 克,滾水改成 110~120 克,總重都是 200 克。此外,滾水就是接近 100℃的水,若從飲水器裡倒出熱水再慢慢沖到粉糊裡,可能只剩 80℃了,這樣調不出黏稠的粉糊。

2. 每片威化餅在總共 1 分半的時間裡,應該會烤得非常酥脆,輕輕一掰就裂成兩半(上圖)。如果 1 分半裡威化餅烤成黃色或褐色,就是火力太強;如果有部份沒烤脆,還軟軟的,就是火力太弱或不平均。

3. 初學者一次只能烤 10 克左右的粉糊,太多不容易壓得薄,火力也不會平均。全部粉糊都烤成餅後,如果暫時不吃或不夾餡,可以用密封袋裝起來,也可冷藏。

73 花生威化夾心酥

材料

低甜花生醬 ········ 160 克
糖粉 ··············· 50 克

花生威化夾心酥做法

1 先確定威化餅都是脆的，否則就要放入 180℃的烤箱烤 1 分鐘左右，或用蛋捲模、平底鍋再烘一下。
2 把花生醬和糖粉攪拌均勻。如果天氣太冷，花生醬會很硬而難塗抹，可稍稍加熱。
3 找 4 片一樣大的餅，在其中 3 片上薄薄塗一層花生醬，每片約塗 10 克。
4 4 片疊在一起，用個盤子壓著，餅才會平整密合。
5 全做好後，把每塊都切成 4 等份。
6 全部切好即可食用，否則要盡快密封包裝。
7 不需像市售品一樣把邊切掉並切成方形，保持手工製做的自然形狀即可，畢竟再怎麼切也不會像機器製品那麼整齊，餅的表面也不會如機器製的格紋。
8 若真想把邊切齊，可以用圓印模切成扇形，比切成方型浪費較少。

檸檬威化夾心酥做法

1 同樣，先確定威化餅都是脆的。
2 把檸檬巧克力隔水加熱到融化。
3 依法塗在餅上夾起來，壓平、切塊。

74 檸檬威化夾心酥

材料

低檸檬巧克力 .... 210 克

花生威化夾心酥

檸檬威化夾心酥

周老師特別提醒

● 在一層層威化餅之間夾入以油質餡料，就成了人人喜愛的威化夾心酥（cream wafers）；油質餡料包括奶油霜、巧克力、花生醬等；威化若夾入水質餡料，例如鮮奶油、果醬等，馬上就溼軟不脆了。
● 花生餡之所以要用低甜微鹹的花生醬再加糖粉，是因為這樣比甜花生醬硬，夾心酥會更固定，不易滑開；但直接用甜花生醬也可以，冷藏過就會固定。
● 直接用檸檬巧克力或乳酸巧克力為餡，非常方便味道也香，只是甜度較高。

蛋捲模

75

巧克力
威化餅

材料

可可粉	10 克
太白粉	100 克
冷水	100 克
滾水	100 克

做法

1 可可粉過篩,加入太白粉裡,依法調好粉糊。

2 依法烤威化餅。

3 熟練後可以增加粉糊份量,最多到 15 克。圖左是 15 克粉糊烤的餅,圖右是 10 克。

4 全部做好,放在乾燥處或包裝備用。

巧克力餡

巧克力	80 克
無水奶油	80 克
糖粉	40 克

做法

1 把巧克力隔水加熱到融化,放涼。

2 加奶油和糖粉一起用力攪打均勻即可。用不同的巧克力,可以做出或苦或甜的威化餅。

3 依法塗抹、夾起,每片餅塗的餡重量約等於本身麵糊重量,就是 10~15 克。

4 可以切成整齊的長方形餅乾。

109

76 捲心酥

● 成品重約 210 克（不包括巧克力餡）

周老師特別提醒

● 捲心酥的做法和蛋捲一樣，只是多了擠線條和灌巧克力餡兩道手續；兩者的配方也相同，但捲心酥是用蛋白而非全蛋製成，所以口感比較脆，搭配少許柔滑的巧克力真的非常美味；蛋捲比較香酥，單吃比加內餡更好。

● 用蛋捲烤模做蛋捲和捲心酥很方便，只要做熟了就不麻煩，成品也會越來越完美。

● 若是沒有蛋捲烤模而想試做看看，可以用烤箱或大平底鍋——把麵糊在烤盤布或平底鍋上刮成大圓薄片，放入很熱的烤箱烤到開始著色，或用小火加熱到開始著色，然後取出用筷子捲好。

● 這樣當然麻煩一點，但成品同樣美味可口。

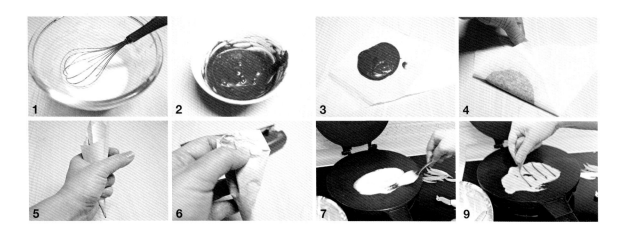

材料

蛋白 ···················· 3 個

細白砂糖 ············ 65 克

鹽 ················· 1/6 小匙

融化奶油 ············ 65 克

低筋麵粉 ············ 80 克

可可粉 ············ 1/4 小匙

牛奶巧克力 ········ 150 克

做法

1 全部材料,除可可粉和巧克力以外,一一加入盆中,加一種攪拌一下,最後攪拌成均勻的麵糊。

2 舀 1 大匙麵糊到一個小碗裡,把可可粉篩入,攪拌均勻。

3 剪張三角形烤盤紙,把可可糊倒在上面。

4 包捲起來。

5 要捲緊,尖端不要有開口讓麵糊大量流出。

6 上方包好,用釘書機釘起來。

7 用中火把蛋捲模燒熱,舀 1 匙(約 15 克)麵糊到蛋捲上,抹開。

8 蓋上,用力壓一下把柄處,烤 30 秒到 1 分鐘。

9 打開,把黑麵糊小紙袋剪個小口,在餅上擠細線。

10 用輪刀把兩邊切掉一些,這樣捲心酥兩頭比較整齊,不過這不是必要的步驟。

11 翻面再烤 30 秒到 1 分鐘,兩面都呈金黃色。

12 用筷子把餅捲起,如果怕燙,請戴薄手套。

13 放在架上冷卻。

14 把巧克力隔水加熱融化,放到不太熱再裝入擠花袋裡,上面綁起來。

15 把捲心酥插在杯子裡,把巧克力擠到裡面。

16 讓多餘的巧克力從下方流出。捲心酥只要內壁沾層巧克力即可,若是灌滿就像是全部在吃巧克力了。

17 拿起捲心酥,排在盤子裡,密封靜置數小時,等巧克力凝結再食用。

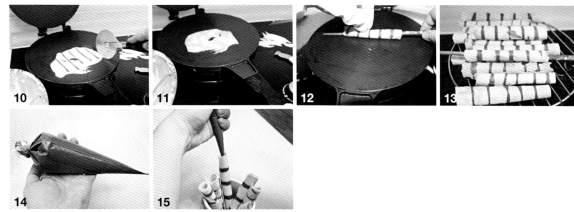

77 鮮蝦薄脆餅　● 成品重約 320 克

材料

蝦仁‧‧‧‧‧‧‧‧‧‧‧‧‧200 克
水‧‧‧‧‧‧‧‧‧‧‧‧‧‧‧‧‧20 克
太白粉‧‧‧‧‧‧‧‧‧‧‧‧‧200 克
鹽、味精‧‧‧‧‧‧各 1/3 小匙
糖‧‧‧‧‧‧‧‧‧‧‧‧‧‧‧1 小匙
白胡椒粉‧‧‧‧‧‧‧‧‧‧‧少許
沙拉油‧‧‧‧‧‧‧‧‧‧‧‧40 克

滾水‧‧‧‧‧‧‧‧‧‧‧‧‧200 克

做法

1 蝦仁如果有腸泥要用牙籤挑去。加 20 克水，用食物處理機打成蝦泥。

2 加太白粉到沙拉油等材料，一起和成麵團，不要有乾粉團未散。

3 把滾水沖入，立刻攪拌，成為半熟狀。

4 倒回食物處理機打成糊。

5 蛋捲模燒到兩面都很熱，稍放涼。

6 把 1 大匙（25 克）蝦糊刮到蛋捲模上。

7 蓋好，戴著手套盡力壓緊蛋捲模柄根處，這樣餅才會薄。

8 翻面，用中小火烘 1.5~2 分鐘。

9 烘到兩面都呈金黃色，熟透但不焦。總共約可做 25 片餅。

10 技術熟練時可以一次烘 2 個餅，左右各一。不過每個只用 20 克蝦糊比較不會黏成雙胞胎。

周老師特別提醒

● 使用蛋捲模的細節請參考「芝麻蛋捲」。

● 這種香脆鮮美的薄餅有點像炸蝦餅，但含油量少，做法也簡單許多，組織則不像炸蝦餅般鬆脆多孔洞。

● 蝦糊可以添加自己喜歡的調味料，攪拌一下即可，或撒在壓好的餅上亦可。照片裡的蝦餅有原味、黑胡椒、咖哩粉、綠海苔、紅辣椒等口味。

● 蝦餅越新鮮越好吃，吃不完的，一涼就密封包裝。萬一變軟，可以放入烤箱用中溫烘一下，或用平底鍋烙一下，就會恢復香脆可口。

蛋捲模

圓形法蘭酥

基本法蘭酥

78 基本法蘭酥 ● 成品重約 250 克

材料

蛋白 ············· 3 個
細白砂糖········ 80 克
鹽 ·········· 1/8 小匙
低筋麵粉······· 135 克
融化奶油········ 80 克

做法

1 蛋白加糖、鹽快速攪
拌均勻。

2 把麵粉篩入，拌到 9
分勻。

3 加融化奶油，快速攪
拌成均勻光滑的麵糊。

4 法蘭酥模以中火燒到
很熱，兩面至少各燒
1 分鐘。

5 改成中小火，舀 1 小
匙麵糊在中間。

6 蓋上，手柄扣好。

7 以中小火烤 1 分鐘，
翻面再烤 1 分鐘。時
間和火力要互相配合
調整，只要兩面都烤
到金黃色即可，用筷
子夾起。冷卻後食用。

79 圓形法蘭酥

法蘭酥模

做法

1 要做完整漂亮的圓形法蘭酥，麵糊的打法和烤模的使用法，都和基本法蘭酥相同，但麵糊份量要計算，每個約 32 克，而且一定要放置於烤模正中間。

2 如果烤時有麵糊溢出，有空的話可用小刀刮掉，否則就等烤好再處理。

3 同樣烤到兩面金黃，再用筷子夾出，平放在架上待涼。

4 用食物剪刀剪掉凸出的邊。若有人可幫忙，趁餅還沒涼就剪比較不會碎裂。完成圓形法蘭酥。

法蘭酥小餅乾

還沒涼時可以把圓形法蘭酥切成 6 小塊，就變成香脆的小餅乾，也可以放在冰淇淋上裝飾。

周老師特別提醒

- 法蘭酥（Gaufrettes）是一種法式格子脆餅，用圖案美麗的烤模燒烤而成，材料簡單而且非常香脆可口，不用任何的香料或變化，就可讓人百吃不厭。
- 法蘭酥的烤模直徑約 12.5 公分，用法比蛋捲壓模更容易，同樣要燒到很熱再倒麵糊，這樣即使不塗油也容易脫模。
- 因為法蘭酥模有細緻的花紋，所以麵糊裡不能任意加入別的東西，例如水果丁、乾果粒、水滴巧克力等等，免得卡住或黏住，清洗起來非常困難。正常使用的法蘭酥模，只要用抹布擦洗一下即可。
- 但是麵糊裡想添加香草、可可、咖啡、抹茶等液狀或乾粉狀香料都沒有問題。

法蘭酥問題一：火候控制

烤圓片法蘭酥，控制火力比基本型要更細心。就和使用蛋捲模一樣，烤上幾個就要找到正確的火力，別再調大調小。放個計時器在爐旁，兩面烘烤的時間也固定下來，這樣就會越烤越順手，每個餅的色澤更趨一致。

法蘭酥問題二：色澤均勻

法蘭酥模如果塗油，烤出來就會花花的，顏色不平均。但麵糊裡本來就有油，所以後來烤出的餅都會花花的，這並沒有關係。如果想要烤出圖左這樣均勻的顏色，可把每個餅都只烤到淺黃色，然後整盤一起放入烤箱，以中溫烘到上色。

夾心法蘭酥

8〇 夾心法蘭酥

法蘭酥的材料和做法非常簡單又美味可口，但熟悉基本做法後，還可以進一步練習做精美的夾心法蘭酥。

夾心的工作雖然簡單，「半片法蘭酥」卻相當難做，以下是我試過十幾種方法裡效果最好的，麵糊材料與基本法蘭酥完全相同。

法蘭酥模

半片法蘭酥做法

1 用防黏烤盤紙剪幾個比法蘭酥模大些的圓形，直徑約 13 公分。

5 同法把法蘭酥模燒熱，拿起一張麵糊紙，倒蓋在模上，注意位置要對準。

2 打好法蘭酥麵糊。

6 蓋上，手柄扣好，以中小火烤 45 秒，翻面再烤 45 秒。

3 每張紙上放 22 克的麵糊。

7 打開後圓紙很容易脫落，可以反覆使用多次。

4 用小刀抹滿抹平。

周老師特別提醒

法蘭酥的夾心最好用巧克力，不會因為溼氣使法蘭酥失去脆度。在兩個半片法蘭酥中間塗 20 克巧克力，夾起來即可，用苦甜或牛奶巧克力都可以。市售還有很多種調味巧克力，例如咖啡、草莓、檸檬、優格、藍莓、柳橙等；也可以自己在白巧克力裡加料，例如加抹茶粉調成抹茶巧克力。

81 法蘭酥冰淇淋杯

法蘭酥模常附贈一支做
冰淇淋杯的木棒如左。

做法

參考夾心法蘭酥的做法

1 捲冰淇淋杯需要練習才能做的好,的但是法蘭酥相
   當厚,捲時容易裂,就算捲的好,也覺得杯餅厚而
   裝的冰淇淋少。

2 最好還是用左頁半片法蘭酥來做。要戴手套以免燙
   到,餅不要烤太深色,一烤好立刻捲,不然 1、2 分
   鐘後就冷卻硬化了。

3 捲好底部應該沒有孔洞,但是初學者一定會捲出孔
   洞的,可以用融化巧克力塗在內層,冰淇淋融化也
   不會滴下或把法蘭酥杯弄溼變軟;很多市售的甜筒
   杯內層都有塗巧克力,就是這個原因。

82 白色法蘭酥 ● 成品重約 120 克（不包括夾心）

材料

太白粉 ········· 100 克
冷水 ·········· 100 克
滾水 ·········· 100 克

做法

1 用防黏烤盤紙剪幾個比法蘭酥模大些的圓形，直徑約 13 公分。

2 粉糊的調法和基本威化餅相同，攪好黏稠的半熟粉糊。

3 把法蘭酥模燒到兩面都很熱，改成中小火。

4 舀 1 小匙粉糊在法蘭酥模中間，大約 10 克。

5 蓋上烤盤紙，壓一下把粉糊壓開。

6 蓋上，用力壓緊，尾扣扣住。

7 烤半分鐘。如果粉糊太多，會從邊緣溢出，暫時不用處理。

8 翻面再烤 1 分鐘。

9 餅烤好可以輕易取下。

10 撕下烤盤紙，可以繼續使用多次。

11 全部法蘭酥烤好後，可用食物剪刀把邊修齊。

周老師特別提醒

● 白色法蘭酥就是以法蘭酥模烤出的白色威化餅，因為要夾餡，所以做成半片式。若用 15 克粉糊且不夾烤盤紙，可以烤出全片式，直接食用沒有味道，但香香脆脆也頗可口。

● 夾心材料可以用威化夾心酥的餡，但白色法蘭酥常夾豆沙餡，除了常見的紅豆沙餡外，把白豆沙餡加香料色素佐以天然材料，可以做出抹茶餡、藍莓餡等等。

● 把豆沙餡攪拌到柔軟，再薄薄抹在餅上夾起來。

夾入果醬亦可。

夾好用稍重的盤子壓 10 分鐘，餅才會平整。

● 酥脆的白色法蘭酥夾果醬，白裡透出紅、紫、黃等顏色，非常美麗又可口，可惜很快就會軟掉，夾豆沙餡也好不了多少。

● 白色威化的質地是所有餅類中最容易失去酥脆性的，夾了水性餡料更容易變軟，即使是市售的白色法蘭酥，無論包裝多麼精美，也都不是酥脆的。

● 所以若要贈送美麗的白色法蘭酥給親友，可以在包裝上加幾句貼心叮嚀：「請用平底鍋或小烤箱烤脆，更為美味，雖然不烤也可食用。」

法蘭酥模

83
一口小鬆餅

● 成品重約 430 克

材料

奶油（室溫軟化）·····100 克
細白砂糖··········· 80 克
鹽 ·············· 1/4 小匙
蛋（微溫）············1 個
低筋麵粉··········· 200 克
無鋁發粉··········· 半小匙
奶粉 ·············· 40 克

做法

1 奶油加糖、鹽打均勻。

2 加蛋，快速攪打到完全融合。

3 把麵粉、發粉、奶粉一起篩入，輕輕拌勻成柔軟的麵團。

4 分成每塊 10 克，約可分成 47 塊。稍揉圓。

5 把鬆餅機插上電，放入 4 個麵團，蓋起來開始烤。這種機型雖然一次可以容納 8 個麵團，但蓋子一壓就會黏成一整片。

6 烤到壓痕呈褐色，約需 3、4 分鐘。輕輕夾出來。

7 繼續把全部麵團烤好。

周老師特別提醒

● 常見的家用鬆餅機有方而淺、圓而深兩種，都可以烤一口小鬆餅，只是成品大小厚薄不太一樣。

● 如果鬆餅機加熱太快，不到 3 分鐘就烤到上色，裡面可能並未熟透。這時有兩種解決之道：把鬆餅做小一點，一個 7 或 8 克；或者讓每批鬆餅都在機器裡烤 2 分鐘，熄火燜 2 分鐘，就可以烤到外脆裡熟。

鬆餅模

其它餅乾 Others

有些零食點心非常難以歸類，例如油炸的玉米脆片和麻花，明明是泡芙的小泡芙，時髦又甜蜜的馬林和馬卡龍，都因為小巧香脆而被認定是小餅乾。

許多現成食材也可以加以運用和改造，變成美味香脆、類似小餅乾的點心。其中最常見的是起酥皮，可以做出一大家族的小餅乾；而土司、玉米棒、水餃皮、白飯，還有本書沒有列入的白年糕、麵條、麵線、米粉、冬粉、豆腐、豆渣和肉類，誰能想到它們都能搖身一變，成為「餅乾」呢？

分類	成形法	內容包括
油炸餅類		玉米脆片和莎莎醬、醬油小炸果、炸麻花
泡芙餅類		吉拿棒、迷你泡芙
糖霜餅類		2種馬林、3種馬卡龍
現成食材運用	土司運用	鬆脆年輪餅
	起酥皮運用	杏仁條、巧克力條、眼鏡酥、杏桃小船
	玉米棒運用	玉米粩
	水餃皮運用	炸巧果
	白飯運用	米果酥

84 巧克力馬卡龍

● 成品重約 150 克（不包括巧克力餡）

材料

杏仁粉‥‥‥‥‥ 40 克　　蛋白‥‥‥‥‥‥‥ 1 個
細白砂糖‥‥‥‥ 50 克　　細白砂糖‥‥‥‥ 50 克
可可粉‥‥‥‥‥ 10 克

烤焙

上火、下火 170℃ / 中層 / 16 分鐘

做法

1 杏仁粉、糖、可可粉一起用食物處理機打到非常細緻。

2 倒到盆裡，用湯匙刮鬆，不要有顆粒。

3 蛋白打起泡，再分 3 次加糖，打到溼性發泡，很濃稠但尖端會下垂。完整的蛋白打發步驟參考 129 頁。

4 刮入放粉的盆裡。

5 一起攪拌成為光滑的糖糊。

6 擠花袋裡裝個直徑 1 公分的圓擠花嘴，把糖糊全部裝入。

7 平均擠在鋪了烤盤布的烤盤上，約可擠 30 個。

8 剛擠好，表面會黏手。

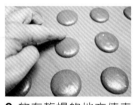

9 放在乾燥的地方使表面結皮，直到可以看出水光漸漸消失，輕觸也不再黏手。需要的時間差異很大，從 15 分鐘到數小時都有可能。

10 烤箱只開上火，預熱至 170℃。放入中層烤 4~5 鐘即會稍稍浮起，下層出現破裂泡沫狀。

11 立刻改成只開下火，繼續烤滿 16 分鐘。出爐。

12 完全冷卻後，用小刀小心刮下。

糖霜餅類

123

巧克力餡

材料

無糖鮮奶油 ····· 40 克
苦甜巧克力 ····· 80 克

做法

1 鮮奶油以小火煮到將要沸騰,加入巧克力,一起攪拌均勻。

2 用擠花袋擠約 8 克在馬卡龍上,或用小湯匙舀,兩片夾起來。

3 冷藏更酥脆美味,而且巧克力餡凝結不沾手,食用的感覺更好。

85 檸檬馬卡龍

● 成品重約 150 克

材料

杏仁粉 ········· 50 克　　檸檬皮末 ······· 1 個份

純糖粉 ········· 50 克

蛋白 ············· 1 個

細砂糖或純糖粉 · 50 克

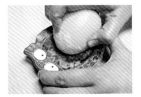

烤焙

上火、下火 170℃ / 中層 / 16 分鐘

做法與烤焙皆與巧克力馬卡龍相同，差別只有：

1 把 1 個檸檬的皮搓成細末，於拌合糖糊時加入。

2 烤到最後幾分鐘，如果覺得表面快要出現微黃色，盡快放一個冷烤盤在上層以隔絕上火，才能保持表面的白色。

杏桃餡

材料

杏桃乾 ········· 100 克

奶油（室溫軟化）· 20 克

做法

1 杏桃乾切丁，加奶油一起用食物處理機打成糊。

2 夾在檸檬馬卡龍裡，芳香而不甜膩。（其它水果乾也可以如法做餡，尤其酸而不甜的更好，例如沒加糖的蔓越莓乾或藍莓乾，風味好，顏色也漂亮）

糖霜餅類

周老師特別提醒

● 馬卡龍的外型是小而厚或大而扁可隨自己的喜好決定，只要控制蛋白打發的程度即可。

● 例如這裡的檸檬馬卡龍，蛋白打到接近硬性發泡，所以擠出後不易攤開，形狀小而厚；薰衣草馬卡龍的蛋白打的比較軟（尖峰相當下垂），擠出後容易攤平，形狀自然大而薄。

● 馬卡龍的底部是否烤熟，也可隨喜好決定，只要調整下火烤焙的時間長短即可。一般喜歡烤到將近熟的程度，這樣烤好一定要放涼才能用小刀輕輕取下，千萬不要用手拿起，可能會黏一半在烤盤布上。

● 如果底部沒烤熟，取下後中間全是空洞就不太好，雖然夾餡後也看不出來。

● 底部烤太久也會焦黃，只要不影響正面的顏色就無妨；其實這樣底部堅實而且吃起來香脆，也相當不錯，尤其適合做慕思圍邊之用。

硬性發泡

底將近熟

底沒熟

底部焦黃

86 薰衣草馬卡龍 ● 成品重約 150 克

材料

杏仁粉	50 克	乾燥薰衣草花	1 克
細白砂糖	50 克	（半小匙）	
蛋白	1 個	紫色食用色素	少許
細白砂糖	50 克	（可省略）	

烤焙

上火、下火 170℃ / 中層 / 16 分鐘

做法與烤焙皆與巧克力馬卡龍相同，差別只有：

1 薰衣草花在蛋白快打好時加入，一起打一下。

2 拌合糖糊時可以加入少許色素。

3 烤到最後幾分鐘，如果覺得表面快要出現微黃色，盡快放一個冷烤盤在上層以隔絕上火，才不會破壞表面的紫色。

4 薰衣草香味細緻，適合單獨食用不夾餡，或夾點果醬也可以。

周老師特別提醒

● 馬卡龍是著名且昂貴的糖霜餅乾，雖然主材料很簡單，味道又非常甜，但經由添加高級香料色素展現出多彩多姿的外觀和風味，再加上或苦或酸能減少甜膩感的夾心，仍然得到大眾的青睞。

● 若只想做出美味的馬卡龍並不難，做到巧克力馬卡龍步驟 **7** 後直接入烤箱以中火烤到全熟即可，不過沒有寶石般的美麗造型 --- 光滑的圓弧鑲著蕾絲裙邊，馬卡龍就不足為貴了。

要烤出光滑的圓弧鑲著蕾絲裙邊，有三點要做到：

1 杏仁粉和砂糖要細緻，如果沒有食物處理機，就直接買純糖粉（不含玉米粉的糖粉），杏仁粉則過篩再用。

2 擠好的馬卡龍必需放置到乾燥結皮，用手指輕觸不會沾黏。氣候潮溼時可以放在開了除溼機的房間裡，但不可直接放在除溼機上，機器的熱度會使糖糊溶解。若趕時間可以放在烤箱裡，開一下熱源使溫度提高一點，很快就會結皮了，但千萬不可過熱過久而結皮太厚，這樣烤好反而會塌陷。

3 先烤上面再烤下面。如果烤箱無法單開上火或下火，烤焙初期可以在烤盤下再墊一個烤盤，或在烤盤布下墊平整的厚紙或厚布或木板，烤焙後期抽走烤盤、厚紙、厚布或木板。專業製做者使用矽膠烤盤墊，傳熱很慢，就等於先烤上面，再烤下面。

● 「蕾絲裙邊」形成的原理是，馬卡龍烤焙時裡面的糖漿沸騰，但因表面乾燥結皮而無路可出，便從下方溢出，形成像煮粥似的泡沫，破裂後便如蕾絲一般。

● 如果表面未結皮，烤焙時內部的壓力可以從整個馬卡龍上釋放，不會單單使底部破裂；若烤焙初期不隔絕底火，則底部受熱很快就凝結，沸騰的糖漿無法自此溢出，自然也不能形成蕾絲裙。

● 第一次試做馬卡龍最好做巧克力口味，因為不需要人工香料色素就很美味，而且巧克力的苦味可以減少甜膩感。此外，其它顏色的馬卡龍必需烤到表面不上色，火候更要小心控制，巧克力馬卡龍就沒有這個顧慮。

乾燥結皮

形成蕾絲裙

87 果醬鑲馬林

● 成品重約 180 克

材料

蛋白 ………… 1 個
鹽 ………… 少許
細白砂糖 ……… 60 克

糖粉 ………… 80 克
果醬（無顆粒）…… 適量

烤焙

120℃ / 中層 / 30 分鐘
50℃ / 中層 / 3 小時

做法

1 烤箱預熱至 120℃。

2 蛋白加一點點鹽打起泡，再把糖分幾次加入，高速攪打。

3 打到很結實的溼性發泡狀態。

4 篩入糖粉，用橡皮刀翻拌成濃稠的糖膏。

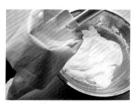

5 擠花袋裡裝個花嘴，再把糖膏裝入。花嘴多半用菊花嘴，且裂口要深，擠出的紋路才會明顯。

6 擠在烤盤布上成一個個小餅。

7 放入烤箱中層，烤 30 分鐘，用手指輕壓覺得堅實不軟。

8 把果醬裝在小擠花袋裡，前端剪個小口，從馬林的裂口處把果醬擠入，要擠到果醬會反湧出來才算灌滿。

9 放回烤箱，用 50℃的低溫加旋風（如果有）烘 3 小時以上，烘到馬林完全乾燥。

周老師特別提醒

● 馬林（meringue）即蛋白糖霜，在烘焙上有很多變化，也可以當成小餅乾單吃，雖然非常甜，但口感很好，適合搭配茶或咖啡淺嚐。

● 因為馬林有很多變化，所以烤焙溫度和時間的差別也很大；高溫短時間烤出的馬林棕白相間，外脆內柔軟，放久了會崩潰出水，最具代表性的就是檸檬派上漂亮的馬林霜飾。

● 低溫長時間烤出的馬林可以保持乳白色，整體酥脆，只要不沾溼氣可以保存很久，所以被歸類於小餅乾，例如本篇配方，不過鑲了果醬一定要再烘乾久一點，至少烘到裡面的果醬已不太溼黏。馬林裡也可以鑲巧克力，就不用再烘乾。

糖霜餅類

附錄：蛋白打發

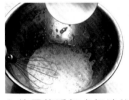

1 使用乾淨無水無油的鋼盆及打蛋器，放入蛋白，蛋白用高速或中速打到起泡，依使用的機器的力量決定。加入 1/3 糖，繼續打一陣子，泡沫開始有立體感。

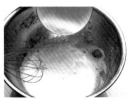

2 再加 1/3 糖，繼續打一陣子，大氣泡幾乎消失，組織變得細緻。

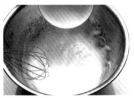

3 加最後 1/3 的糖，繼續打。

4 拉起測試時蛋白霜會向下流動，表示打發還不足。

5 到溼性發泡，外表有水光，拉起測試時手感輕軟，尖峰呈現下垂狀。

6 攪打片刻再觀察，若是水光漸漸消失，拉起測試時手感厚重，尖峰不下垂，就是完成硬性發泡（或稱乾性發泡）。

88 咖啡核桃馬林

● 成品重約 210 克

材料

核桃 ⋯⋯⋯⋯⋯ 70 克 | 細白砂糖 ⋯⋯⋯ 60 克
即溶咖啡半小匙 ~1 小匙 | 糖粉 ⋯⋯⋯⋯⋯ 80 克
蛋白 ⋯⋯⋯⋯⋯⋯ 1 個

烤焙

125℃ / 中層 / 30 分鐘
50℃ / 中層 / 3 小時

做法

1 烤箱預熱到 125℃。
預熱時可把核桃放入
烤箱烤脆一點。

2 即溶咖啡加入蛋白裡。

3 同 129 頁打好蛋白糖
霜,再加入糖粉。

4 拌匀成濃稠的糖膏,
再加入核桃拌匀。

5 全部刮在烤盤布上,
抹平,最厚不要超過
2 公分。

6 放入烤箱中層,烤 30
分鐘,烤到可以用手
整片拿起。

7 剝成數塊,反面朝上
放回烤盤。

8 用 50℃的低溫烘 3 小
時以上,烘到馬林完
全乾燥酥脆。

9 剝或切成小塊,裝罐
保存。

周老師特別提醒

拌好的糖膏當然可以用小匙舀在烤盤布上,烤成一個
個獨立的小餅乾,不過整盤烤好再分剝也很有趣,可
以看到裡面吸引人的多孔組織。

糖霜餅類

89 迷你泡芙

● 成品重約 110 克（不包括餡重）

材料

水 ············· 70 克	高筋麵粉 ········ 60 克
奶油 ·········· 40 克	蛋 ·············· 2 個
鹽 ·········· 1/8 小匙	
	各種巧克力·共 300 克

烤焙

210℃ / 中層 / 6 + 6 分鐘

做法

1 水、奶油和鹽一起放小鍋裡，以小火煮沸。

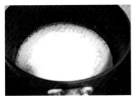

2 煮到奶油全部融化，把高筋麵粉倒入鍋中。

3 攪拌到看不見麵粉才熄火。

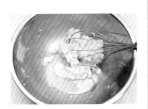

4 溫度降到溫而不熱的狀態，打入第一個蛋。

5 攪拌到完全融合。

6 加第二個蛋，再攪拌到完全融合，但不要過度攪拌。

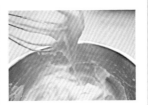

7 麵糊滴落時，留在攪拌器上的麵糊呈倒三角形，就是正確的濃稠度；意思就是說麵糊不會像液體般流光，也不會像麵團一般不流下。

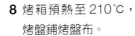

8 烤箱預熱至 210℃，烤盤鋪烤盤布。

9 把直徑 1 公分以內的小圓嘴放入擠花袋，把麵糊裝入。

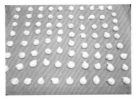

10 在烤盤上擠出直徑 1 公分的小圓形。全部可擠 120 個，最好擠成兩盤，以免有些太接近會黏在一起。

11 放入烤箱中層烤 6 分鐘就會膨脹成小泡芙，周圍的也開始著色了。

12 熄火，用餘熱再烘 6 分鐘。

13 取出，等不燙手了，就用不裝針頭的注射針筒在側面插洞。

14 如果覺得有些小泡芙還有點軟，可再放回烤箱，用 120℃低溫烘幾分鐘。

15 把巧克力隔水加溫到融化。

16 拿針筒吸滿巧克力，注入小泡芙裡。

17 密封靜置數小時，等巧克力凝結再食用。

周老師特別提醒

小泡芙裡有些網狀組織，不像口袋小餅那麼空，所以要把針筒插進去一點，用力注射，直到感覺巧克力反湧回來才停手，不然可能灌不了多少巧克力；當然，如果不想吃太多巧克力，就輕鬆擠一點進去即可。

泡芙餅類

90 吉拿棒 ●成品重約 170 克（不包括沾上的砂糖）

泡芙餅類

材料

水	100 克
奶油	20 克
細白砂糖	15 克
鹽	1/4 小匙
中筋麵粉	80 克
蛋	1 個
炸油	小半鍋
細白砂糖	適量

特殊工具

直徑 0.8 公分星狀擠花嘴與擠花袋

做法

1 把水、奶油、糖、鹽放在小鍋裡，以中小火煮沸。

2 把篩過的麵粉倒入，攪拌一下，熄火。

3 攪拌到完全看不到麵粉。

4 把蛋加入。

5 攪拌到完全融合，成為黏稠的麵糊。

6 把花嘴裝入花袋裡，麵糊全部裝入袋。燒熱小半鍋油。

7 把麵糊擠出 10 公分左右，用手指壓斷使其掉下鍋。

8 以中小火炸約 3 分鐘。

9 中途要翻面一次，炸到兩面都金黃香脆。

10 撈起瀝乾，放在紙巾上吸油。

11 沾砂糖。趁微溫時享用最好，但放冷了也不會乾硬。

周老師特別提醒

● 吉拿棒（Churros）麵糊與泡芙麵糊類似，差別是奶油和蛋在比例上低很多，因為它是油炸的，而且多半不填餡直接吃，所以油少蛋少，比較扎實不膩，也不會炸成中空狀。

● 市售的吉拿棒有各種大小，這種迷你型的適合佐咖啡，外表香酥內裡柔軟，非常美味。如果沒有星狀花嘴，別種花嘴也可以，不過以手工擠出的吉拿棒不會是直的，不必介意。

● 煮泡芙麵糊最好別用不沾鍋，因為要用打蛋器攪拌，會傷鍋子。雖然不沾鍋可以用木匙或耐熱橡皮刀攪拌，但沒有打蛋器拌的快又均勻。

辣味玉米脆片

莎莎醬

起司玉米脆片

香芹玉米脆片

91
玉米脆片配莎莎醬
● 成品重約 600 克

材料

玉米粒罐頭‥1 罐（340 克）
中筋麵粉‥‥‥‥‥‥360 克
沙拉油‥‥‥‥‥‥‥20 克

乾麵粉‥‥‥‥‥‥‥‥ 適量
炸油‥‥‥‥‥‥‥‥ 小半鍋

烤焙

190℃ / 中上層 /10 分鐘

周老師特別提醒

● 這是簡易式的 Tortilla Chips，但非常
香脆可口又有玉米香，不過味道很淡，
撒些調味粉比較好吃。
● 調味粉除了食譜中所用的以外，還可
用鹽、洋蔥鹽或蒜鹽、黑白胡椒、咖
哩粉、糖、乾蔥粉、乾燥巴西利粉等；
除了炸好再撒以外，也可以先和入麵
糊裡。

莎莎醬 ● 成品重約 480 克

材料

洋蔥‥ 1 個（約 340 克）　　綠辣椒‥‥‥‥‥2 小根
奶油或橄欖油‥‥2 大匙　　鹽‥‥‥‥‥‥ 半小匙
紅蕃茄3 個（約 500 克）

周老師特別提醒

● 玉米脆片炸好可以不撒調味粉，拿來挖莎莎醬
（salsa）吃，健康又清爽。莎莎醬生吃也可以，只要
把全部材料一起打碎即可，不過這種煮熟的才能隔天
食用。
● 怕辣可以不放辣椒，或加些檸檬汁、香菜末等，加酪
梨的莎莎醬也非常受歡迎。

做法

1 玉米粒用食物處理機打成泥。

2 加麵粉和沙拉油。

3 揉成軟硬合宜的麵團。最好分成 4、5 份，比較好操做。

4 用壓麵機壓到刻度 5，鋪在砧板上，或用擀麵杖擀成大薄片，厚約 0.2 公分。如果會黏，可以撒適量乾麵粉。

5 用輪刀切成正三角形，每邊 5、6 公分。因為麵團裡有玉米皮，所以不用力無法徹底切斷。

6 小火燒熱半油鍋，把三角片撥下鍋，有點堆疊扭捲也無妨，下鍋就會張開。

7 改用中火，炸到金黃香脆。要不斷用鏟子撥動火候才會均勻。

8 快炸好時，用鏟子輕敲可以感覺三角片變硬。顏色比想要的還淺就要撈起，餘熱會使顏色變深。

9 撒自己喜歡的調味粉。圖中是起司粉和紅辣椒粉，另一種是綠香芹粉和胡椒鹽。

10 把鍋子上下拋甩，讓脆片鹹淡均勻。

1-1　1-2　2　3
4　5　6　7
8　9　10

油炸餅類

莎莎醬做法

1 洋蔥用食物處理機打碎。

2 起油鍋，小火炒到金黃色且發出香味。

3 蕃茄和綠辣椒也打碎。

4 倒入鍋裡，加鹽，拌炒到沸騰即可熄火。

5 把汁瀝掉。瀝出的汁可以當成蔬菜湯喝。

1　2-1　2-2　3
4　5

周老師特別提醒

● 這種醬油口味又酥又脆的小餅，好吃又容易做，只要麵片擀得不太厚也不太薄，就可以順利在油鍋裡膨脹得又胖又可愛。

● 醬油裡可以隨意添加調味料，像咖哩粉、辣椒粉、山葵粉等刺激口味，就很受不嗜甜食者的歡迎。

● 如果步驟 4) 切成細長條，顏色炸淺一點，就可以拌糖漿壓製成沙其馬。一般沙其馬必需加很多膨脹劑，用這個配方比較健康，口感則完全相同。

92 醬油小炸果 ● 成品重約 200 克

材料

快發乾酵母 ······· 1/3 小匙
水 ·················· 45 克
中筋麵粉 ··········· 100 克
細白砂糖 ·············· 5 克
鹽 ················ 1/8 小匙

炸油 ················· 小半鍋
醬油、糖 ········· 各 1 大匙
胡椒粉 ·············· 少許

做法

1 前 5 種材料一一放入盆中攪拌，用手揉成結實的麵團。

2 蓋好，放在溫暖處發酵 2 小時。

3 用壓麵機壓到刻度 4，接近水餃皮的厚度。如果沒有壓麵機，用手擀也可以。放著鬆弛 10 分鐘。

4 用輪刀切成 2×1.2 公分的小方片。

5 用中火燒熱小半鍋油，視鍋子的大小決定一次放全部或半量小方片下鍋。

6 如果油夠熱，小方片應該會立刻膨脹成中空狀並浮起。

7 立刻熄火，用筷子攪拌小方片，以免火候太不平均。

8 繼續用餘熱炸到金黃香脆，撈起，盡量把油瀝掉。全部炸好。

9 炒菜鍋裡放醬油、糖、胡椒粉。

10 把全部小炸果倒入，開中火，翻炒均勻。

11 平鋪在烤盤布上，放入烤箱，以 60℃加旋風（如果有）把小炸果烘乾，約需 30 分鐘。

12 中途用手撥動一下，發現有黏在一起的就搓開。

93 糖霜麻花

● 成品重約 320 克（不包括糖霜重量）

周老師特別提醒

● 麻花麵團也可以用手揉，不會比機器效果差。

● 鬆弛和發酵的溫度時間都有彈性，如果溫度低、時間短，麻花體積小，組織緊密，容易炸黑；如果溫度夠（28~38℃），時間足，則麻花體積大，組織較鬆，需要炸比較久。

● 這配方的糖霜份量比較多，若不喜歡甜味可以減半，甚至不裹糖霜。

麵團

水 ‥‥‥‥‥‥ 80 克
快發乾酵母 ‥ 1/4 小匙
中筋麵粉 ‥‥‥‥ 200 克
細砂糖 ‥‥‥‥‥ 25 克
奶油 ‥‥‥‥‥‥ 15 克

白糖霜

細砂糖 ‥‥‥‥‥ 150 克
水 ‥‥‥‥‥‥ 37.5 克
鹽 ‥‥‥‥‥‥ 1/8 小匙
糖粉 ‥‥‥‥‥‥ 1 大匙

做法

1 前 4 種材料放入盆裡，慢速攪拌片刻。

2 加入奶油。

3 快速打 5 分鐘，成為結實有彈性的麵團。因為很乾，表面不容易顯得光滑。

4 蓋好，放在溫暖處鬆弛 10 分鐘以上，才能擀得開。氣溫越低就要鬆弛越久。

5 擀成厚片，切成 15 條，每條約 20 克。

6 拿一條來搓成細長條，長約 70 公分，從頭到尾粗細要一致。兩手朝反方向搓，讓麵條盡量扭轉。

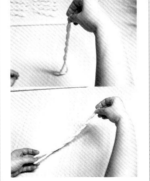

7 提起兩頭合在一起，麵條會自動扭轉起來。

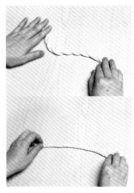

8 順勢再多扭轉一點。

9 同樣提起兩頭合在一起，即成 4 股麻花。開頭捏緊以免散開。

10 放溫暖處最後發酵 20 分鐘。

11 起油鍋，放入用中小火炸。

12 炸到中等的褐色，用鏟子輕敲覺得硬脆，約需 5~6 分鐘。

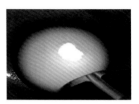

13 把糖、水和鹽放在炒菜鍋裡，用中火煮到 120℃，熄火。

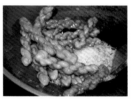

14 把麻花下鍋，用鏟子輕輕翻攪。

15 翻攪片刻後糖漿會開始發白，凝結在麻花上，就是反砂。

16 撒糖粉，繼續翻攪，直到麻花表面的糖霜顯得乾爽即成。

油炸餅類

周老師特別提醒

如果沒有杏仁露或不喜歡杏仁味，可以用蛋白代替
（只要調成濃稠膏狀即可）。蛋白調的糖霜烤後比
較白，杏仁露調的糖霜比較透明。

◀ 94 鬆脆杏仁條 ● 成品重約 240 克

材料

冷凍起酥皮4 張（約 160 克）
杏仁角 ············· 50 克
糖粉 ·············· 120 克
杏仁露 ············· 20 克

烤焙

220℃ / 中下層 / 10 分鐘
!80℃ / 上層 / 5 分鐘

做法

1 把 1 片酥皮切成 5 條，大小約 3×10.5 公分。

2 排在烤盤上。有無烤盤布皆可，若沒墊烤盤布，烤盤底也不用塗油。

3 烤箱預熱到 220℃，放中下層烤約 10 分鐘。起酥皮的特性需要加強下火，所以要放中下層。

4 烤到整體膨脹，金黃香脆而且底部堅實即可，出爐放涼。

5 用餘熱把杏仁角烘到微黃。杏仁露加糖粉調勻成糖霜。

6 用小刀把糖霜抹在酥條上，有一點不平均也無妨。

7 用手指把一些杏仁角壓入糖霜中。

8 放回烤箱上層，用 180℃烤 5 分鐘，讓糖霜凝固。

◀ 95 巧克力酥條 ● 成品重約 240 克

材料

冷凍起酥皮4 張（約 160 克）
牛奶巧克力 ········ 100 克
巧克力米 ············ 適量

做法

1 起酥皮像杏仁條的做法一樣分切、烤焙，烤成 20 條酥餅。

2 把牛奶巧克力隔水加熱到融化，沾滿酥條的表面。

3 再沾巧克力米。等巧克力冷卻凝結後即可食用。

眼鏡酥

杏桃小船

96 眼鏡酥

● 成品重約 160 克

材料

冷凍起酥皮 ……… 4 張　　蛋黃 ……………… 1 個
（約 160 克）　　　　　水 ……………… 1 小匙
肉桂粉 …………… 少許　　黃砂糖 ………… 適量

烤焙

220℃ / 中層 / 10 分鐘
220℃ / 中下層 / 3 分鐘

做法

1 把起酥皮半解凍，每 2 張疊在一起；撒點手粉，用擀麵杖擀成 2 倍長。

2 表面噴點水，撒些肉桂粉，抹平均。

3 再噴點水。

4 將兩頭往中間摺。

5 再對摺。4 張起酥皮共做成 2 份，包好冷藏數小時使之鬆弛。

6 取出，1 份切成 10 條。

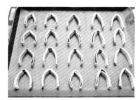

7 排在烤盤上，左右分開一點，才有膨脹的空間。

8 烤箱預熱到 220℃，放中層烤約 10 分鐘，直到金黃上色。

9 蛋黃加水調勻，薄薄刷在表面，再撒砂糖。

10 放回烤箱中下層，繼續烤 3 分鐘，讓砂糖固定。

11 要確定底面也烤到焦黃色，否則會不夠香脆。

周老師特別提醒

● 眼鏡酥名字的由來是因為形狀像名牌太陽眼鏡。市售的冷凍起酥皮不夠長，必需把兩張重疊再擀長才夠；但起酥皮經過拉扯，烤後很容易變形，必需冷藏鬆弛數小時，才比較能保持形狀。

● 因為起酥皮完全沒有甜味，所以糖可以多撒點，烤好冷卻後再把黏不住的砂糖輕輕撥掉。若沒有黃砂糖或不喜歡吃粗糖粒，撒細白砂糖也可以。

起酥皮運用

97 杏桃小船

● 成品重約 220 克

材料

冷凍起酥皮 ⋯⋯⋯ 3 張　　杏桃果膠 ⋯⋯⋯ 2 大匙
（約 120 克）
杏桃乾 ⋯⋯⋯ 120 克

特殊工具

船形塔杯（長 9 公分）12 個
菊花印模（直徑 6.5 公分）1 個

烤焙

220℃ / 中下層 / 10 分鐘

起酥皮運用

做法

1 若用舊式塔杯，內面
要抹點奶油；新式塔
杯防黏效果好，不用
抹油。

2 用菊花模在 1 張起酥
皮上印出 4 個花片。
（如果起酥片長寬不到
13 公分，可以略擀大
一點）

3 把花片擀長，直到每
邊都比船形塔杯多出
1 公分。

4 用肉槌把杏桃乾敲扁。

5 把起酥皮鋪在塔杯
裡，放 10 克杏桃乾
在中間。

6 烤箱預熱到 220℃，
放至中下層烤約 10
分鐘，直到酥皮金黃
膨脹。

7 底部要確實烤到焦黃。

8 把杏桃果膠攪拌均勻。

9 用小匙抹在杏桃上。
如果用刷子刷，一定
要使用乾淨又乾燥的
刷子。

周老師特別提醒

● 若無船形塔杯，用其它形狀的淺模也可以。杏桃果
膠不但是美觀的亮光裝飾，酸甜和杏桃香也可以加
強杏桃乾的風味。

芝麻

椰子粉

海苔粉

花生粉

杏仁片

98 玉米粔

材料

炒香白芝麻‧‧‧約 100 克
玉米濃湯棒‧‧‧‧‧‧15 支
白麥芽糖‧‧‧‧‧‧‧ 200 克
細白砂糖‧‧‧‧‧‧‧ 200 克
水 ‧‧‧‧‧‧‧‧‧‧‧ 100 克

做法

1 把芝麻撒在平盤上。

2 玉米濃湯棒切成兩半。

3 麥芽糖、細白砂糖和水放在小鍋裡。

4 攪拌一下,用小火煮,煮到糖溶化後就不用再攪拌。

5 煮到 120 ℃。如果沒有煮糖溫度計,就煮到開始感覺濃稠即可,或滴一點到冰水裡,會結成柔軟會變形的糖球。

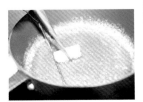

6 保持微火,夾玉米濃湯棒去沾糖漿,輕輕甩一甩以免太甜。

7 放到平盤上滾一滾,沾滿芝麻。

8 排放在乾燥的地方,等完全冷卻後再包裝起來。

周老師特別提醒

除了芝麻外、杏仁片、海苔粉、椰子粉、花生粉、花生仁、米香粒(機器爆出的米花)也可以,每種使用量略有不同,顆粒大者用量多。(杏仁片和花生仁要烤香再用,而且杏仁片最不容易沾的均勻好看)

● 煮糖最好用不沾鍋,比較不會燒焦。白麥芽糖又稱水飴,是做糖果的重要原料,雖然可用天然麥芽糖(棕色)代替,但昂貴許多。煮糖如果不加麥芽糖,全用砂糖,不但更甜,而且容易反砂,就是鍋邊開始有糖粒凝結,這時就要把糖粒刮下,再加點水重新煮,要耗費許多時間。

糖粒凝結

● 製作時如果有人幫忙最好,一人夾玉米棒沾糖漿,夾到芝麻盤裡,另一人用筷子推動玉米棒沾滿芝麻。若一個人做兩個步驟,動作太慢,糖漿會越煮越硬。

● 「粔」是台灣過年常見的應景甜點,基本上是把「粿仔乾」炸到膨脹鬆發,裹一層糖漿,再沾各種配料。「粿仔乾」的原料是糯米和狗蹄芋,蒸煮打漿後做成年糕狀,再切條曬乾。這不易買到也不容易炸鬆,所以用玉米濃湯棒代替,除了多了玉米濃湯味道以外,口感相當類似。

玉米棒運用

99 米果酥 ● 成品重約 100 克

材料

白飯 … 1 碗（200 克）　　醬油 ………… 1 小匙
鹽 ………… 1/6 小匙　　飲用水 ……… 1 小匙

糖 …………… 1 大匙　　炸油 ……… 小半鍋
起司粉（磨細）… 半大匙　　紅辣椒粉 …… 適量

烘乾

100℃ / 中層 /2 小時
170℃ / 中層 /5 分鐘

做法

1 把白飯倒在烤盤上，撒鹽，用飯匙稍拌一拌。要把白飯拌鬆，不能拌出黏性或結團。

2 用第二大的量匙（1 小匙、1 茶匙）為工具，沾點水，挖一匙飯，用手把中間壓凹一點，厚度應少於 1 公分。

3 扣在烤盤上。

4 1 碗飯約可做 30 個，每做一個都要沾水，才不會黏住飯粒。

5 放入烤箱，以 100℃ 烘乾，約需 2 小時。中途要翻面一次。

6 烘到乾透即是生鍋巴，體積縮小，米粒也顯得透明。

7 把糖等調味料放在碗裡，拌勻，放置到糖融化。

8 把小半鍋油燒到非常熱，把生鍋巴分幾次下鍋炸。

9 一下鍋就立刻浮起，在幾秒內脹大，才是油溫足夠。

10 只要看到一點微黃，就要立刻撈起。

11 把調味料再次攪勻，用刷子薄薄刷在鍋巴正面，要用完。喜歡的話可撒些紅辣椒粉。

12 立刻放回烤箱以 170℃烘 5 分鐘，如果看到刷在表面的糖調味汁在沸騰，就提前取出以免燒焦。

周老師特別提醒

● 做鍋巴要用剛煮好的鬆散米飯，若用舊飯必需先蒸熱拌散。如果米飯黏結成團，或鋪的太厚，都不容易烘乾，就無法炸的鬆脆。

● 烘乾生鍋巴要花時間和電費，不如一次做 3 碗飯的份量，可以一烤盤烘乾，也不用多烘很久，比較划算。遇到風大太陽大的日子，如果有地方可曬就用曬的，一天就可曬乾。

● 烘乾的生鍋巴包裝好，可收藏經年，想吃再拿出來炸。要用高溫炸，才能膨脹且鬆脆，用小火炸的說法是錯的：

圖中央這兩個就是用小火炸的，體積很小，吃起來很硬。

100 炸巧果

材料

水餃皮…………適量
炸油………… 小半鍋
細白砂糖………少許

做法

1 把一疊水餃皮用菜刀切成兩半。

2 兩個半圓相對疊起，用輪刀或一般刀子在中間切個刀口。

3 拉起一端鑽進中間的刀口。

4 拉出來，即成巧果。

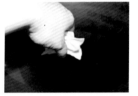

5 用中火燒熱半小鍋油，把巧果輕輕放入。

6 應該很快浮起且張開。

7 炸到金黃香脆即可撈起，約需2、3分鐘。油炸食品應該炸到比想要的顏色淺一點就起鍋，餘溫會使顏色變深；左邊的顏色即可起鍋，數分鐘後顏色就會變成像右邊這麼深。

8 趁熱撒糖，翻面再撒一次。

9 輕輕震動即可把多餘的糖抖掉。

周老師特別提醒

● 包水餃常會剩皮或剩餡，剩的餡只要炒熟就是美味菜餚，剩的皮可以簡單炸成巧果，當成餐後甜點，每次都超乎意料地受歡迎，無論是買來或自己擀壓的水餃皮，都可以這樣利用。

● 標準的巧果麵團裡有蛋、糖、黑芝麻甚至豆腐鮮蝦，但水餃皮炸的巧果簡單也不失美味。用剩的餛飩皮也常以同樣方法炸成巧果，但餛飩皮太薄，炸起來香酥美觀，卻不夠硬不夠咬感，吸油量又比較多。

水餃皮運用

101 鬆脆年輪餅

● 成品重約 180 克

材料
厚片土司5片（325 克）
果醬 ………… 100 克

特殊工具
10.5 公分圓印模 1 個

烘乾
100℃ / 1 小時

做法

1 把厚片土司橫切兩半。

2 用 10.5 公分圓印模印出圓形。

3 果醬用食物調理機打勻（因為大部份果醬都含有果肉顆粒，不打就不能用擠花袋擠）。

4 裝入擠花袋裡。

5 袋口剪個小洞，在麵包片上擠螺旋紋。

6 放入烤箱，用 100℃加旋風烘 1 小時，剝一點試吃，覺得很乾很脆即可。切剩的土司可以一起烘乾，搓成麵包粉。

周老師特別提醒

● 即使吃剩乾掉的土司，也可以做成又鬆又脆的餅乾，加上烘過後像 QQ 軟糖似的果醬，土司年輪餅可說是老少咸宜。

● 這裡用厚片土司切半來做，厚度約 1.2 公分；其實直接用薄片土司做也可以，厚度約 1.5 公分，厚了點，還不會差太多。用多大的圓印模都可以，甚至用食物剪刀剪成圓形也可。

● 實際需要的烘乾時間很難估計，若是天氣潮溼或麵包太厚，可能要烘 1 個半小時，反之可能 40~50 分鐘即可。

● 烘乾食品時可以一次烘兩層，不過上層要用烤架，不能用烤盤，而且烘到中途最好把上下層交換一次（只換食物不換烤盤烤架，烤架仍然要在上層）。

餅乾的基本工具

製做餅乾時，需要一些常用的廚房用具和烘焙用具，例如電子秤、量杯、量匙、不鏽鋼盆、打蛋器、橡皮刀、刮板、篩子等等，此外還有一些特別的用具。

A 電動打蛋器
大部份餅乾都可以用手工攪拌，不需要電動工具，除非份量很多。少數餅乾需要用到手提電動打蛋器，不然很吃力。最好購買圖中這種有兩套攪拌腳的機型，單支的用來打全蛋和蛋白，一對的用來打奶油。

B 擠花袋、花嘴、自製擠餅器
擠花袋和擠花嘴最常用來擠奶酥，當然它們可以用來擠所有介於麵糊和麵團之間的餅乾。花嘴擠出的形狀相當立體，沒有薄片式的，所以我發明了自製擠餅器，用來擠出方形薄片餅乾。

C 擠餅器、月餅壓模
擠餅器的作用和擠花袋、花嘴相同，但可以擠出

很多形狀，而且大小一致，非常方便。用來做月餅的小壓模，能壓出較複雜的表面圖案，用在餅乾上效果很好。

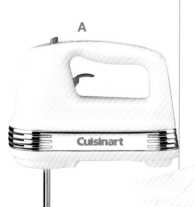

A

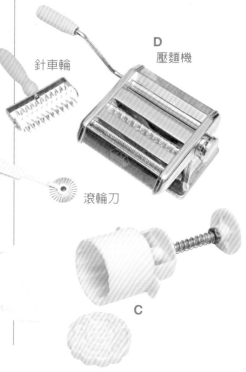

針車輪

D
壓麵機

滾輪刀

B

C

D 壓麵機、滾輪刀、針車輪

這種製做麵條的製麵機，也常用來做包子、饅頭、水餃皮等等。配方比較乾硬、需要擀薄的餅乾，也可以用壓麵機來壓，比用手擀省力且平均。

這類餅乾擀薄後若用一般刀子切片，容易拉扯變形，宜用滾輪刀切。

針車輪用來刺洞，可以減少餅乾烤時變形；沒有的話使用叉子即可。

E 各式印模

擀薄的餅乾除了以滾輪刀切片以外，也可用各種印模印出各種形狀，例如有名的薑餅人。鳳梨酥模則為烤鳳梨酥專用，形狀也很多。

F 蛋捲烤模、法蘭酥烤模

蛋捲烤模是台灣產品，必需在爐火上燒。法蘭酥烤模多半為進口貨，有在爐火上燒的，也有插電加熱式。這類產品的品質越來越好，防黏又耐用，當然價格也不便宜。

G 針筒

在餅乾裡灌巧克力餡相當困難，即使用灌餡專用花嘴也不容易；較大的（圖中為 30C.C.）注射針筒是最好的解決方案，藥房就可買到，不必買針頭，便宜、衛生，能輕鬆抽取融化巧克力並注入餅乾裡，過程中不滴落不沾染，用後只要以溫水沖洗即可。

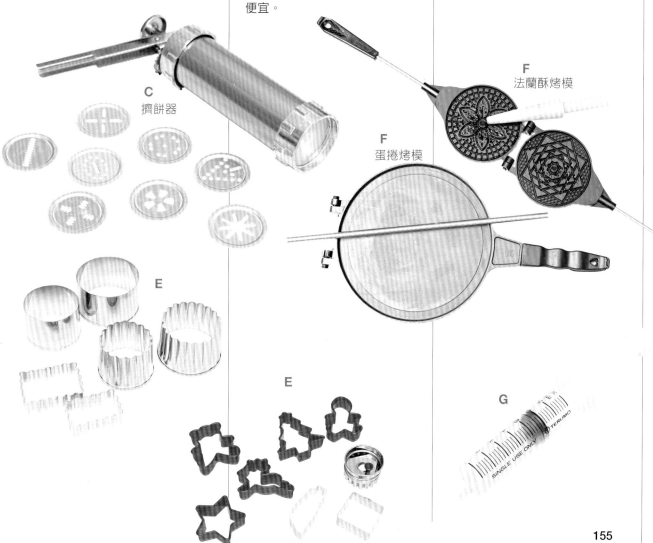

C
擠餅器

F
法蘭酥烤模

F
蛋捲烤模

E

E

G

烤箱的使用

烤餅乾的烤箱，以烤盤大、火力平均最為合適。電烤箱或瓦斯烤箱，上下火能不能獨立設定的烤箱，都沒有影響。

本書所用的烤盤全尺寸為 46.3×37.3 公分。

本書的配方幾乎都是一烤盤、最多兩烤盤可以烤完，讀者請將自己的烤盤面積和上述烤盤的面積相比，如果一樣大是最方便的；如果只有一半大，表示您需要烤兩盤或四盤才能烤完。

本書所用的烤盤布尺寸為 41.5×33.5 公分。烤盤布是最好的防黏用具，可以重覆使用。

餅乾的烤焙並不容易，因為它的體積或面積小，而且手工製品的重量、形狀很難完全相同，所以同一烤盤烤出的餅乾往往有黑有白，甚至同一塊餅乾就半黑半白。

雖然我們不能要求手工餅乾與機器產品一樣整齊端正，但只要細心，還是可以烤出相當漂亮的餅乾。本書各篇食譜裡提到多種方法，請讀者盡量多試用，例如：

1. 把厚的餅乾排列在外圍
2. 外圍的餅乾排列得比中間緊密
3. 烤盤中間少放一兩片餅乾
4. 烤到中途把烤盤調換方向
5. 烤到中途把餅乾鏟起，調換位置
6. 烤到中途降低溫度或熄火，烘久一點
7. 把已烤上色的餅乾先鏟出，還未上色的留在烤箱繼續烤

只有使用者最了解自己的烤箱的特性，所以除了以上幾點之外，請針對自己的烤箱找到能烤出最完美餅乾的方法。

舉例來說，我的烤箱不用旋風功能時，深處溫度比較高，打開旋風功能時，靠門處溫度比較高，所以烤到中途我才打開旋風功能，這樣裡外的火候就相當均勻。

另一個例子是，我的舊烤盤比較導熱，所以烤餅乾得放在最上層，新烤盤比較不導熱，烤餅乾放在次上層即可，這樣才能得到正反面火候相同的餅乾。

這些小經驗只能靠自己獲得，也只對自己有用，所以食譜上是不會寫出來的，即使寫出來，用在別台烤箱上可能適得其反。甚至普遍使用的方法也可能不適合你，例如「熄火繼續烘」的方式，如果用在保溫性太好的烤箱上，可能會把餅乾烤焦。

餅乾的保存

台灣讀者若看到歐美食譜對保存餅乾的建議，一定相當驚訝：「把餅乾放在罐子裡，加一片切開的蘋果，能避免餅乾變乾變硬。」

歐美平均說來比台灣乾燥多了，而他們指的餅乾主要是麵糊類 cookies，包括軟性餅乾，所以保存餅乾的重點在避免變乾變硬。

台灣不但潮溼，大眾也喜歡吃脆硬的餅乾，即使是軟性餅乾也要烤到酥脆，否則會被質疑：「這是餅乾嗎？怎麼軟軟的？」

因此不能照抄歐美的做法，否則被質疑事小，甚至可能會發生蘋果和餅乾在罐裡一起發霉的驚險事件。

我們保存餅乾的重點在防潮，美觀、防潮、防碰撞、方便取用的包裝，是業者的主要課題，甚至比餅乾本身的品質更重要。

對本書的讀者而言，如果做餅乾是為了自家食用，防潮並不困難。大部份餅乾只要裝在夾鍊袋裡就可以防潮了，保鮮盒、鐵盒鐵罐，也都有很好的防潮功能。如果包裝好再冷藏，幾週之內都可以保持酥脆美味。

如果要贈送親友，您就得面對與餅乾業者相同的問題，幸而現在有很多烘焙材料行，不但供應各種美觀的禮盒，甚至還有封口機、可封口的小餅乾袋、乾燥劑，一應俱全，讓顧客可以隆重地包裝起自己的心意，放心地寄出。

不過本書裡有少數餅乾夾有果泥等含水的餡料，或它本身就是溼軟的性質，這些餅乾如果不冷藏，就得在兩三天內食用，所以必需用冷藏寄送，也要提醒收禮者盡快吃完。

餅乾的回烤

如果一時粗心，讓餅乾受潮變軟，並不需要就此丟棄；如果它烤好沒幾天，看來也沒發霉無異味，就不是壞掉，再烘過即可恢復香脆可口。

烘乾的溫度從 80℃ 到 180℃ 都有可能，就看餅乾本身的狀況——它的體積大嗎？非常潮溼嗎？它應該是很乾硬的嗎？它現在的著色程度夠不夠？把這些都列入考量，烘一烘看一看，或試吃一片，就可以烘出正確的結果。

例如年輪餅，體積較大，容易吸收水份，表面應該保持白色，所以一定要用 80~100℃ 這種低溫烘乾，烘久一點，烘到徹底乾燥卻不變得焦黃。

如果是雙重巧克力餅乾，它不應該太乾硬，表面也不怕上色，就要用原本的烤溫 180℃ 烘幾分鐘，即可得到外脆內微軟的餅乾。

最薄的餅乾除了用烤箱烘以外，也可以用平底鍋小火烙一下，例如鮮蝦薄脆餅。微波爐也非常方便，只是不容易判斷，例如把幾根蛋捲放入微波一分鐘，取出後會非常軟，得放涼了才知道夠不夠脆，因此性急的人常會微波太久，最後蛋捲都燒焦變黑了。

在所有的餅乾裡，白色威化是最吸潮的，要保持它如同剛烤好般香脆，幾乎是不可能。雖然市售的威化夾心酥都在嚴格控制的環境下製造包裝，能保持相當脆度，但吃過自己剛烤出來的白色威化，才會知道它能有多香脆。

我最喜歡夾果醬的白色法蘭酥，它也是白色威化，夾了果醬馬上變軟，所以我也不費心去保持它的脆度，往往一次做很多再裝袋冷藏，有時烤了蛋糕麵包，就利用餘溫把幾片烘脆，然後盡快享用。

EASY COOK

「手創餅乾101道」周老師的美食教室：

100%安全食材，1000張步驟圖，Cookies ＋ Biscuits輕鬆作（附120分鐘DVD）

作者　周淑玲

出版者／大境文化事業有限公司　T.K. Publishing Co.

發行人　趙天德

總編輯　車東蔚

文案編輯　編輯部　美術編輯　R.C. Work Shop

攝影　Toku Chao　步驟圖攝影　周淑玲

台北市雨聲街77號1樓

TEL：(02)2838-7996　　FAX：(02)2836-0028

法律顧問　劉陽明律師　名陽法律事務所

初版日期　2011年12月　　一刷日期　2013年3月

定價　新台幣450元

ISBN-13：978-957-0410-89-1　書　號　E81

讀者專線　(02)2836-0069

www.ecook.com.tw

E-mail　service@ecook.com.tw

劃撥帳號　19260956 大境文化事業有限公司

「手創餅乾101道」周老師的美食教室：

100%安全食材，1000張步驟圖，Cookies ＋ Biscuits輕鬆作（附120分鐘DVD）

周淑玲　著 初版. 臺北市：大境文化，2011[民100]

160面；19×26公分. ----(EASY COOK系列；81)

ISBN-13：9789570410891

1.點心食譜

427.16　　100022251

Printed in Taiwan

全書文、圖局部或全部未經同意不得轉載、翻印，或以電子檔案傳播。

本書如有缺頁、破損、裝訂錯誤，請寄回本公司調換

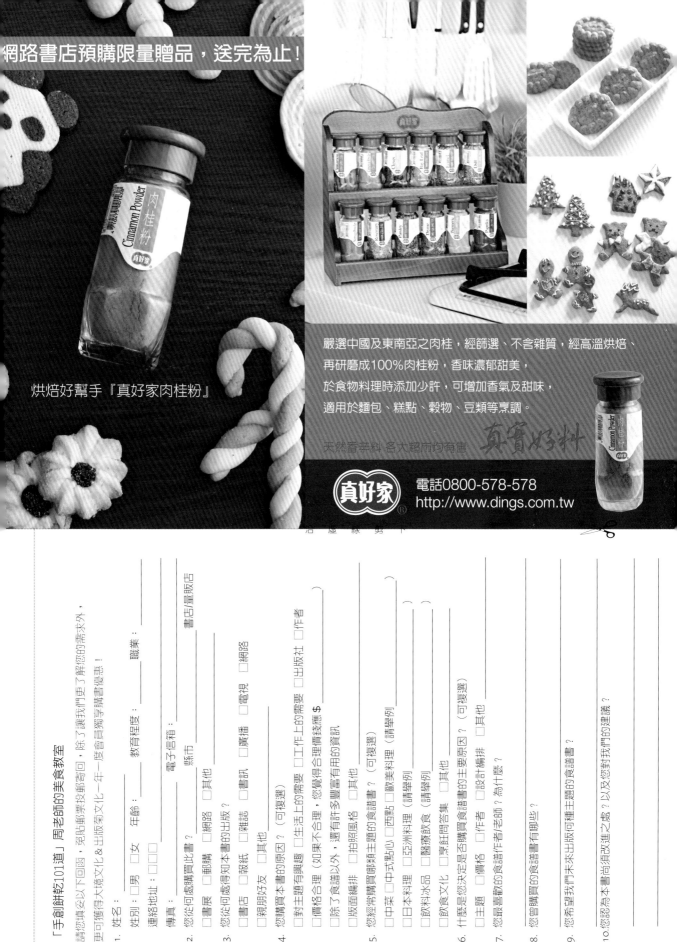

網路書店預購限量贈品，送完為止！

烘焙好幫手『真好家肉桂粉』

嚴選中國及東南亞之肉桂，經篩選、不含雜質，經高溫烘焙、再研磨成100%肉桂粉，香味濃郁甜美，於食物料理時添加少許，可增加香氣及甜味，適用於麵包、糕點、穀物、豆類等烹調。

天然香辛料 各大超市均有售

真實好料

真好家®
電話0800-578-578
http://www.dings.com.tw

「手創餅乾101道」周老師的美食教室

請您填妥以下回函，免貼郵票投郵寄回，除了讓我們更了解您的需求外，更可獲得大境文化＆出版菊文化一年一度會員獨享購書優惠！

1. 姓名：
   姓別：□男 □女　年齡：　　教育程度：　　職業：
   連絡地址：　　　縣市　　　書店/量販店
   傳真：　　　電子信箱：

2. 您從何處購買此書？
   □書展 □郵購 □網路 □其他

3. 您從何處得知本書的出版？
   □書店 □報紙 □雜誌 □書訊 □廣播 □電視 □網路
   □親朋好友 □其他

4. 您購買本書的原因？（可複選）
   □對主題有興趣 □生活上的需要 □工作上的需要 □出版社 □作者
   □價格合理（如果不合理，您覺得合理價錢應 $　　）
   □除了食譜以外，還有許多豐富好用的資訊
   □版面編排 □拍照風格 □其他

5. 您經常購買哪類主題的食譜書？（可複選）
   □中菜 □中式點心 □西點 □歐美料理（請舉例　　）
   □日本料理 □亞洲料理（請舉例　　）
   □飲料冰品 □醫療飲食 □飲食文化 □烹飪問答集 □其他

6. 什麼是您決定是否購買食譜書的主要原因？（可複選）
   □主題 □價格 □作者/老師 □設計編排 □其他

7. 您最喜歡的食譜作者/老師為什麼？

8. 您曾購買的食譜書有哪些？

9. 您希望我們未出版何種主題的食譜書？

10.您認為本書尚須改進之處？以及您對我們的建議？

周老師的美食教室 輕蛋糕

100%天然無化學添加物，800 張步驟圖，
新手也能輕鬆製作（附 120 分鐘 DVD）

- 有關正確秤量：模型容量測量、關於測量比重、關於損耗
- 輕蛋糕與添加物：什麼是輕蛋糕？輕蛋糕的基本素材、
  蛋糕的化學添加物
- 全蛋蛋糕、分蛋蛋糕、天使蛋糕常見 Q&A 詳細圖解
- 全蛋蛋糕：熔岩蛋糕、牛粒、蜂蜜蛋糕、杯子蛋糕、
  鹹蛋糕、鬆餅 16 種
- 分蛋蛋糕：戚風蛋糕、波士頓派、蛋糕捲、奶凍捲、
  耶誕樹幹蛋糕 19 種
- 天使蛋糕：蜜餞小天使、結婚蛋糕、綿花糖小蛋糕、
  玫瑰薰衣草蛋糕 9 種
- 無 SP 蛋糕：蒙布朗、檸檬小蛋糕、酥皮小蛋糕、
  千層蜂蜜蛋糕 10 種
- 什麼是 SP？功能及取代
- 其他蛋糕：乳酪 / 果凍 / 慕思：輕乳酪蛋糕、草莓慕思巧克力夾心蛋糕、
  黑糖紅豆麻糬蛋糕、提拉米蘇 9 種
- 內餡 & 霜飾：香草奶油布丁餡、焦糖、咖啡奶油霜、自製亮光膠、
  鬆軟白乳酪 13 種
- 擠花袋與擠花、材料 & 器具、關於烤箱的 Q&A

沿 虛 線 剪 下

廣　告　回　信
台灣北區郵政管理局登記證
北 台 字 第 1 2 2 6 5 號
免　貼　郵　票

台北郵政 73-196 號信箱

大境（出版菊）文化　　收

姓名：　　　　　電話：

地址：